【德】诺斯拉特·佩塞斯基安◎著
张世胜　姚盼盼◎译

Angst und Depression im Alltag

你的情绪自己掌握

缓解焦虑和抑郁的积极疗法

自助版

江苏凤凰文艺出版社
JIANGSU PHOENIX LITERATURE AND ART PUBLISHING

图书在版编目（CIP）数据

你的情绪自己掌握：缓解焦虑和抑郁的积极疗法 /
（德）诺斯拉特·佩塞斯基安著；张世胜，姚盼盼译．--
南京：江苏凤凰文艺出版社，2021.8
书名原文：Angst und Depression im Alltag
ISBN 978-7-5594-5725-7

Ⅰ．①你… Ⅱ．①诺… ②张… ③姚… Ⅲ．①情绪－自我控制－通俗读物 Ⅳ．①B842.6-49

中国版本图书馆 CIP 数据核字 (2021) 第 058149 号

著作权合同登记号：10-2020-541

你的情绪自己掌握：缓解焦虑和抑郁的积极疗法

（德）诺斯拉特·佩塞斯基安 著　　张世胜、姚盼盼 译

责任编辑　白　涵
出版发行　江苏凤凰文艺出版社
　　　　　南京市中央路 165 号，邮编：210009
网　　址　http://www.jswenyi.com
印　　刷　三河市京兰印务有限公司
开　　本　880mm × 1230mm 1/32
印　　张　8.75
字　　数　110 千字
版　　次　2021 年 8 月第 1 版
印　　次　2021 年 8 月第 1 次印刷
书　　号　ISBN 978 - 7 - 5594 - 5725 - 7
定　　价　52.00 元

江苏凤凰文艺版图书凡印制、装订错误，可向出版社调换，联系电话 025-83280257

所有发生的和我们遭遇的事情，都是有意义的，但认识它们往往很难。在生活这本书卷中，每一页都有两面。我们用计划、想法和希望书写一面，另一面则由天意来填补。然而，上天的安排往往事与愿违。

——东方的谚语

第一部分
认识并理解焦虑和抑郁

第二章　产生焦虑和抑郁的原因

第二部分 应对焦虑和抑郁的多种方法

第三章　克服对心理治疗的焦虑

chapter 04

引　言

焦虑没有听起来那么可怕

据估计，约有15%的德国人长期或暂时地受到焦虑、惊慌和抑郁等情绪的困扰，人数高达1000万。下面这位36岁女病人的身体情况可以代表许多人。

多年来，埃丽卡饱受焦虑、胃痛、肩肘痛、头痛、抑郁和过敏的折磨："我内心焦躁，惴惴不安，整个人就像一张绷紧的弓。我曾尝试让自己冷静下来，但我做不到。我变得敏感、容易激动，也容易陷入悲伤，一点小事就能让我惊慌失措。我的身体不好，最好不要经常生气。整形外科医生诊断出这是一种由腰椎间盘突出和轻微脊柱侧弯引起的普通的不良体态，妇科医生也没发现什么特别的原因。

"我每天都精疲力竭。因为身体疼痛的加剧，我决定去做浴疗，但按摩同样让人疲惫，过程还很痛苦。我有点害怕温泉疗法了。在第四周的时候，我甚至开始害怕回家。但是医生并没有检查出我患有任何疾病，只能建议我做一些体操和放松运动，还给我开了一些镇静剂。

“这些事我根本没有告诉我的家庭医生。开始的时候我感觉情况好多了，但后来又变得严重了。我转诊去了神经科，神经病学的检查也确定没有任何病变。针对我的焦虑，医生开了一些起镇定作用和消除焦虑的药。这些药确实有用，我特别高兴，可一旦药停了，老毛病又会复发。现在，即使我吃了安眠药和镇静药也还是失眠。我觉得我倒霉透了。我知道我病了，但不知道谁能治好。今天我来到这里接受心理治疗，可我也不知道是否来对了地方。”①

焦虑和抑郁不可捉摸，尤其是当这种反复、慢性的焦虑和抑郁逐渐演变加剧的时候，所有相关人员都会感到困惑、不安，甚至恼火，这对患者来说更是灾难。由于他们无法理解自己的症状，觉得自己是疯了、傻了、病了。他们丧失了对自身的信任，没有生活的乐趣，甚至不想再活下去了。很多人感到

① 引自《心理治疗的第一次谈话》。

羞愧，主动与外界隔绝，有的甚至走上自杀的道路。

焦虑症很少能够自行痊愈，如果缺乏外界的帮助，病情会日渐恶化，发展成为慢性病。令人吃惊的是，只有3%左右的患者能得到适当的治疗，而大多数人通常多年以后才会确诊。

焦虑存在的意义

除了基本需求之外，焦虑是人类行为的一种强大的，或许是最强大的推动力。这种反应模式从远古时代就深深扎根在动物和人类天性之中，人们借此得以生存。受生存意志的驱使，人们在任何时候都会努力减少生活中的各种威胁，从而实现不朽，受人铭记。

焦虑也是人们选择群居的一个决定性因素。它使人们组建集体，建立国家，制定共同生活的标准，形成权力结构，制造武器。此外，人们开始学习经营管理、探索自然、发展医学、越过死亡、设想未来，宗教和哲学应运而生。如果没有焦虑，就不会产生文化。

从维持生活安定这方面来讲，人类因焦虑创造了极其成功的文化。20世纪，人类的寿命就已比历史上的平均寿命延长一倍。这一切得益于自然科学和技术的发展，得益于保障人权的自由民主宪法，得益于有效的社会保障和经济发展体系，得益于人人都受到教育、获得信息。

尽管已经取得了这些进步，但人类的根本问题依然存在，现代人还是无法避免痛苦和死亡。对新文明的焦虑已经代替了人们原本对自然的焦虑，因为现代科技可能引发的核能危害和生态灾难威胁到了整个人类的生存，造成了普遍意义和价值的丧失。现代生活，尤其是大城市生活的快节奏、不稳定和混乱也给人们造成了很大的负担。

著名哲学家伊曼努尔·康德曾说过，焦虑是对危险的自然厌恶反应，它是人类生活中无法避免，也不可或缺的组成部分。焦虑是很多心理和生理疾病的基本症状。与它类似的灰心和抑郁，不仅渗透到医疗活动中，还涉及社会、职业和政治生活的方方面面，每个人都可能以不同的方式碰到它。

从长远看，有意识地与自身焦虑和抑郁情绪做斗争才是可以彻底战胜疾病、战胜生活的唯一可能，面对长期的、日益加重的痛苦时尤其如此。

焦虑容易产生心理疾病

对于心理分析之父弗洛伊德来说，焦虑是造成心理疾病的根本问题。情绪极度的不稳定、旅行焦虑和死亡焦虑等问题对他造成了严重的困扰。他记录了自己曾经尝试戒烟的状况：心脏突然感到剧烈的疼痛，比吸烟时痛苦多了。心率严重失常，持续紧张，感到压迫，心里火烧火燎，感到一股滚烫的血液流过左臂，此时情绪变得压抑。对于一个一天24小时都在为神经性衰弱伤透脑筋的专业医生来说，他很尴尬。他不知道自己到底是心理作用还是患上了抑郁症。尽管有着种种担忧，在那之后，他还是生活了将近50年，享年83岁。

不同文化中的焦虑与抑郁

几乎所有的文化形态中，焦虑与抑郁的表现形式都看似相同，但它们的形成原因和内容不一样。据观察，西方文化比较强调“你”“我”，而东方更加注重“我们”这个概念。社交作为冲突的导火索，自有其深远的意义。

在内容上，焦虑和抑郁也有很多不同之处。在欧洲文化中，人们的社会焦虑更为突出。它涉及外表、美感以及生殖能力。除此之外，秩序、整洁和经济窘迫也会对其产生影响：“建房子的外债压得我喘不过气，甚至有时候我会觉得活着没什么意思，一想到未来就害怕。我也曾努力尝试不去想这些，但这都无济于事。”

在东方，人们更多的是为自己的工作成果、社会声望和前途而焦虑。东西方在面对同一个矛盾的处理方法也有很大区别，比如在时间的问题上，德国人的态度与东方人截然不同，后者更重视给自己的家庭和朋友留下足够的时间。

这种跨文化的观察方式让人们将自己的问题和困扰与其他人进行比较，从而更好地理解冲突。每个人形成的个人特点带有自己独特的价值观、信仰和期望，这些不同的观念和希望恰好是误解、矛盾、失望和焦虑的源头。由于各民族和文化碰撞引起的社会和政治危机日益加剧，所以迫切需要这种跨文化的观点。

东方	西方
如果有人生病，人们会把病人的床挪到客厅，会有很多亲戚和朋友来看望，病人是关注的焦点。缺席的人会被视作对病人的冒犯，让人觉得没有同情心。	如果有人生病，病人希望能安心休养，探病的人少一点儿。他们将探望病人视为一种“社交监视”。

焦虑和抑郁是如何产生的?

焦虑和需求的联系非常紧密。没有需求，就不会产生焦虑。如果需求得不到满足或误以为得不到满足，就会产生焦虑和愤怒的情绪。愤怒也会引起焦虑，因为它会影响人实现基本需求，比如被爱的愿望，同时它也隐藏着受到报复和惩罚的危险。受到影响的需求越基础，愤怒也就越强烈。如果人们觉得自己的愤怒越来越危险，那说明愤怒产生的焦虑也在不断加深。

因为焦虑放弃自己需求或者压抑本能的人，总有一天会顺从命运，这意味着他丧失了生活的乐趣。为了能够合群，他们将大部分的精力投入到战胜欲望和控制愤怒之中。他们会感到疲惫无力、内心空虚，可愤怒并不会因为刻意的压抑而平息。那它会怎么样呢？愤怒为自己找到了一条第一眼看上去最不危险的路：将怒火对准自己。长此以往，这种做法会导致糟糕的后果：人们开始痛恨、贬低、蔑视、指责、惩罚自己，极端时甚至会自我毁灭，这种状态就叫抑郁。

焦虑是造成抑郁的原因。人们害怕拥有的不够多，害怕毫无价值，害怕被拒绝，害怕失去某人。如果人们向焦虑投降，比如在得不到社会认可的时候，选择从社会交往中退出，这样很容易陷入毫无出路的恶性循环。从社会关系中退出，人们失去了获得赞赏、认可、满足和爱的源泉，这会再次削弱自信，加重焦虑，这两者反复循环，最终将其推向自我封闭和走投无路的境地。

另一方面，把欲望和需求控制在真实界限内是人类生存的基本条件和重要经验。在死亡的时候我们必须放弃所有与生活有关的愿望，这一认识太痛苦了，只有悲伤才能化解。但是，悲伤也是一项很痛苦的工作，很多人都在试图摆脱它。人们试着将生存的真实状况从意识中剥离，只在某个特定的时刻才会发挥作用。总有一天，人们要面对现实。那些为了摆脱悲伤而回避现实情况的人，必然要付出高额的代价：焦虑、放弃和抑郁。

积极心理治疗的独特之处

自1968年以来，我们利用新方法“积极心理治疗”进行了大规模的跨文化调查，搜集整理信息并总结了很多经验。本书建立在丰富的调研和经验之上。我们在对欧洲、美国和东方患者的心理治疗工作中发现，让人们患病的不只是命运的巨大打击。有句俗语“滴水穿石”，焦虑和抑郁更多是由日常生活中的小负担、小矛盾累积造成的，比如不同的价值观造成的失望。如果我们因为对他人的行为抱有过多的期待而受挫，那么就会通过身体的不适、植物性机能障碍、焦虑和抑郁的形式表现出来。

故障还是能力？

“积极”在积极心理治疗中特别强调的概念是指治疗的目的并不是消除一个特殊的问题，而是要尝试挖掘自主解决问题的可能性。

“积极”的拉丁语原意是指实际和潜在。这不仅是指一个人或一个家庭本身所带有的障碍和冲突，还包括他们处理这些问题的能力。

积极心理治疗中的群像

一粒种子能够借助良好的环境、适宜的土壤和充沛的雨水，或者在园丁的帮助下生根发芽，人也在与社会环境的紧密关系中发展自身的能力。从出生开始，我们就迈入了一个不断变化的生存环境，它为我们铺就了一条漫长而危机四伏的个人品格发展之路。童年时，我们慢慢形成自我意识；成长为青年时，逐渐向成人世界靠近。在人生的下一阶段，我们开始寻找人生伴侣，告别单身生活。紧接着，工作和孩子将成为我们生活的重心。不久之后，我们将面对中年危机和更年期，直到退休让我们再一次彻底改变生活方式。最后，年龄引导我们探讨死亡，为死亡做准备。

人们在每个发展阶段和每个年龄段都有不同的焦虑和抑郁。虽然每个人的能力不尽相同，但在这些问题和矛盾中，佩塞施基安第一次看到了每个人与生俱来的和后天可习得的能力。他提出的积极心理治疗方案认为：无一例外，每个人都拥有两种基本技能：爱的能力和认识能力。由于身体状况、生活的环境和时代不同，每个人的基本能力也会不同，最终这些能力会成为性格中独一无二的组成部分，这意味着人性本善。

爱的能力进一步发展为原发能力，比如爱、榜样、耐心、愿意花费时间、能够与人交往、给予和接受别人的温情和性爱、信任他人、怀抱希望和信仰、怀疑、可靠和有始有终。

认识能力发展为继发能力，比如守时、有序、整洁、诚实、忠诚、公平、勤奋、有所成就、节俭、可靠、仔细和负责。

原发能力和继发能力都是现实中的必备技能。

上述观点引发我们探讨一个问题：如果从考虑现实能力的角度出发，焦虑和抑郁的人如何面对冲突？我们假设，一位患者在晚上等待丈夫回家时会变得焦躁不安。在这种情况下，焦虑的核心是社会心理准则——守时。这难道不是在暗示我们要从这一领域入手吗？这种方法是真正的治标治本，从根源入手，而非从任意一种症状出发。

积极心理治疗中的群像让我们明白，他们不只是承受各种症状的患者，也是集疾病和健康于一体的人。在积极心理治疗的范畴内，患者会逐渐摆脱病人身份，依次成为冲突对象的治疗师、自己和身边人的医生。患者作为患者和医生的双重身份是这种治疗方式的本质特征。

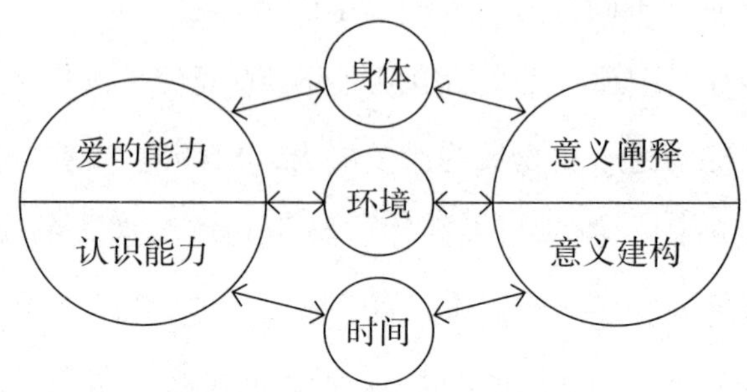

图1　意义阐释和意义建构的基本能力及其发展条件

焦虑和抑郁的积极阐释

如果你需要一只援助的手，

就在自己胳膊的末端上找吧。

我们对困难的态度决定了我们能否克服它。对同样情况的不同评价能让人振奋，也能使人气馁。那我们为什么不去寻找问题的积极面呢？对病情和问题的积极解释是积极心理治疗的重要手段之一。下面的故事形象地说明了什么叫积极解释：

梦的解析

从前，在东方有一位国王，他做了一个可怕的梦。他梦见自己的牙齿掉光了，大为不安。于是，他将解梦师传来。解梦师听完国王的描述，忧心忡忡地告知国王："陛下，这实在不是个好兆头。如同您掉光的牙齿一样，您的家人将会一个个先于您去世。"国王听后大怒，遂将解梦师投进牢房，下令再找一个解梦师。第二位解梦师听完国王的描述后说："陛下，这可是个好兆头呀。您将比您所有的家人都更加长寿。"国王听后非常高兴，赏了第二个解梦师一大笔钱。

大臣们十分不解，纷纷去问解梦师："你跟之前那个可怜的家伙说的是一个意思啊，为什么他受罚，你却受赏呢？"解梦师说："的确，我们两个人对梦的解释是相同的。但重要的并不在于你说什么，而在于怎么说。"

——佩塞施基安，《意义的找寻》

从这个意义出发，我们能找到焦虑和抑郁的积极方面：

- 拘谨是一种自我克制的能力，能够将察觉到的事物内化于心。
- 焦虑具备充足的理由和意义，即使在表面观察中它是非理性的或是像患有“神经机能症”的。

- 焦虑体现了生活的决心，是一种将生命安全置于中心地位的能力，让我们有能力及时脱离陌生、危险的处境。
- 焦虑是当人们在面对迫切需求时，却没有可借鉴的成功经验而做出的本能的身体表达。无所求，自然也就无所谓焦虑。对孤独的焦虑可以视为渴望与他人交流的自然需求。
- 焦虑在很大程度上是一种把控未来的能力，也是一种让自己的生活免受意外事件影响的本能。焦虑让人们远离不适合自己的生活。
- 焦虑是身体和精神不安的一种状态，为个体改变、发展、成长和治愈给予力量，是实现这一切的前提。人一旦感觉焦虑，就意味着可能要迈出全新的一步。即使人们没有明确的目标，焦虑仍然是一种能提供力量的能力。
- 焦虑虽让人感觉极其不适，却并不危险。它只有在遭到否定和排斥时，才会给人们造成威胁。它不是可以被随意清除掉的异物，而是需要人们的理解和接受，容纳其为自身的一部分。
- 抑郁一方面是人们面对冲突时做出充足情绪的反应能

力；另一方面，为了避免悲伤带来的痛苦，它会让人陷入内心空洞和无动于衷的状态。

- 抑郁能让人们放弃对生活的迫切需求，通过让步和陷入绝望防止人们持续失望和自我伤害。

以上就是我们对焦虑和抑郁与众不同的积极解释。继续阅读，您将会更加理解和熟悉这些说法。

一个关于积极行动的比喻

积极行动可以用一个例子做说明。

一个人因为自己欠钱而辗转反侧，无法入睡。他心情抑郁，甚至想结束生命。他选择向一个好朋友倾诉这一切，朋友也耐心地倾听他的烦恼。让他惊讶的是，朋友闭口不提欠债的事，而是谈及他现在还拥有的财产和那些随时准备向他伸出援助之手的朋友。突然，这个人开始用全新的眼光看待自己的处境了。

当他不再只是苦恼，而是在自己拥有的财富中发现了自己的能力，自然而然就有了解决问题的能力和方法。

积极心理治疗中的整体思维

积极心理治疗不仅是与理智交流，最重要的是进行感觉、想象力和直觉上的沟通。与治疗有关且内容丰富的东方故事和智慧格言对此大有帮助。

佩塞施基安用简洁的语言将日常生活中由冲突引起的焦虑和抑郁描写得通俗易懂。他在医疗实践、学术报告和讲座中一再证实，患者和听众更容易接受寓言和东方故事。他认为寓言是用语言绘成的画，不仅有助于理解，同时也有着重要的教育作用。

很多人在面对抽象的心理治疗内容时，会觉得难以接受。心理治疗不仅是专家研究的领域，也是非专业人士和患者之间沟通交流的一座桥梁。因此，心理治疗必须简单易懂。为了帮助大家理解，本书中列举了很多例子，包括神话故事和寓言等。下面的这个故事将为您阐释如何理解整体思维。

围观者与大象

晚上，人们把一头大象放到黑屋子里展出。很多人蜂拥而至。但房间里一片漆黑，所有的观众都看不见大象。于是，他们只能通过触摸来感受大象。

大象体积很大，每个人只能摸到大象的一部分，然后凭感觉描述。摸到象腿的人说，大象像一根强壮的柱子；摸到象牙的人说，大象是一种很尖的东西；摸到大象耳朵的人说，大象像一把扇子；摸到大象脊背的人又说，大象就像一张大床，又直又平。

这个故事形象地描述了人们倾向对事物进行片面观察。单一的观察角度不仅是很多冲突和焦虑的根源，也妨碍我们寻找解决问题的方法。积极心理治疗的不同之处在于它是整体性的医学方法，应用广泛：

- 它将完整的人置于自身身体、心灵、社会、文化、历史的范围之中。
- 它不局限在片面的治疗情景，而是涉及整个社会环境，首先是患者的家庭。
- 它借鉴了各种医学知识，包括自然科学、心理学体验疗法和自然疗法。积极心理治疗提供了一种方案，将不同的专业方向和心理治疗在合理的基础上取长补短。另外，它还有一个独特之处，将东方故事、直觉思维和科学方法结合在一起。

- 它需要对医生和治疗师进行全面培训，使他们能够调动自己所有的感官，凭借拥有的知识和理解力理解患者。

四个生活领域

为了掌握一个人的整体状况，不遗漏任何一个基本面，积极心理治疗仔细观察了每个人的四个生活领域：

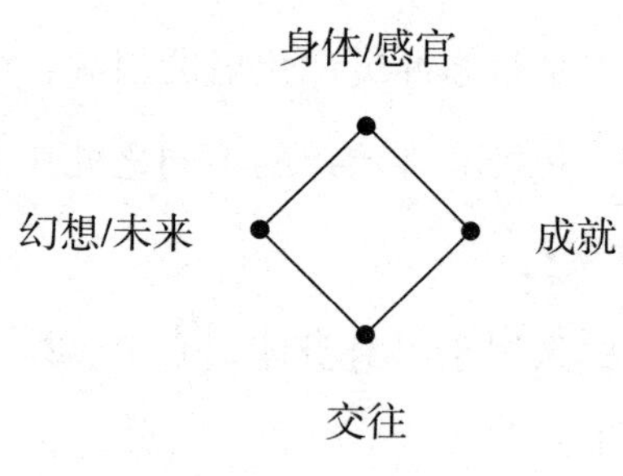

图2　四个生活领域

- 身体（感官手段）。
- 成就（理智手段）。
- 交往（习俗手段）。
- 幻想（直觉手段）。

1. 身体/感官

人与自己身体的关系和自我感觉是很重要的。人如何感知自己的身体？如何体验从外界获得的不同感觉？身体可能是患病率增加和抵抗力下降的具体表现场所。该领域的冲突要运用精神和变态心理的方法来处理。

产生压力的因素：疾病、治疗、自己或亲属做手术，过度的声音刺激（长时间的噪音、音乐和嘈杂），或者视觉刺激（周围环境、街道交通、电视和广告）。

2. 成就

衡量成就的标准如何产生，以及怎样将它们纳入自己的方案：沉溺于工作；逃避成就提出的要求。

产生压力的因素：对工作成绩不满意、加薪、晋升无望、调换工作、辞职、新来的同事、离职、同事离职等。

3. 交往

这一领域是关于建立和维持交往的能力。与自己、伙伴和家人的交往，与陌生人、团队、不同社会阶层和外来文化的交往，也包括人与动物、植物和各种事物之间的交往。这些交往可能造成极端结果，比如沉溺于社交之中，或者相反，人们从这些关系中脱离，陷入自我隔绝与抑郁之中。

产生压力的因素：伙伴关系、婚姻、建造房屋、生孩子、离婚、与家人或朋友分离、经济问题和人际关系冲突等。

4. 幻想/未来

幻想和直觉超越现实，涵盖一切，包括我们理解的工作的意义、对生活的期待、愿望、未来的想法或幻想。人们通过激发想象力对冲突做出反应：幻想冲突得到化解，设想取得期待已久的成功，想象自己讨厌的人得到惩罚或者被杀死（焦虑、恐怖症和妄想）。

产生压力的因素：死亡、损失、自我怀疑、没有工作前途、私人生活、离职和衰老等。

可以看出，“积极”意味着接受现在的自己与他人，同时看到他们的发展变化。如果想要将人与其未知的、被疾病所掩盖的能力联系起来，就要接受他这个人，接受他的矛盾、障碍和疾病。

谁是健康的?

通过研究不同文化领域的患者的治疗，我们得出结论，按下述比例分配精力的人活得比较健康：

25%的精力放在身体/感官上，比如睡眠、饮食习惯和性行为等；

25%的精力放在工作和成就上；

25%的精力放在与家人和周围人的相处上；

25%的精力放在对未来和幻想上，比如退休后的活动、家庭的未来、我从哪里来、要到哪里去、宗教、生活哲学、死亡和死亡之后的生活等。

如何使用这本书?

本书旨在引导人们认识焦虑和抑郁，并及时采取适当的治疗措施。人们绝不会因为焦虑和抑郁而精神失常。一般情况下，人们是非常理智的，产生焦虑和抑郁的原因也是充分的。这些原因有时候不为人所知，但能得到医生、治疗师、亲属，特别是有着特殊生活条件的患者的理解。更好地理解自己内心深处隐藏的小世界，会让人们逐渐产生信任和自信。有了它们，我们就能应付生活中出现的无数个充满焦虑和陌生的情况。

这一积极的出发点让人们更容易认识到：原则上，焦虑和抑郁其实是一种合理且有意义的反应。为了更好地理解焦虑和抑郁，本书的第一部分（包括两个章节）首先讲解焦虑和抑郁这两个概念。在第一章，您将认识焦虑和抑郁的各种表现形式；第二章将会说明产生焦虑和抑郁的“积极”因素及其深层含义，您将理解我们在引言中提到的四个生活领域（身体、成就、交往和幻想）。

第二部分将介绍一些行之有效的方法，它们会告诉您怎样对待焦虑和抑郁，想迅速了解和获得帮助的读者可以首先阅读这一部分。如果想要深入理解焦虑和抑郁，第一部分的内容不可不看。

认识

理解

第一部分

认识并理解焦虑和抑郁

Part one

第一章
焦虑和抑郁的多种面孔

焦虑与焦虑、抑郁与抑郁之间各不相同，它们在每个人的身上都有独一无二的表现形式。如果你想要了解自身的焦虑和抑郁，或是想要帮助他人，那么首先要回忆这些情绪过程中的所有细节。焦虑和抑郁的多种面孔，以及它们在我们身体、思维和行为等方面的多种表现形式都将在本章一一呈现。

身体的感觉

要认识自己，就去看别人的举动。

要理解别人，就窥看你自己的内心。

——德国作家弗里德里希·席勒

在西方的效率社会中，人们倾向用理智和成就来评价自己的行为，他们很少公开谈论自己的身体和情感状况。很多人日复一日只顾埋头工作，从来不关注自己的身体情况，只有偶尔生病的时候才不得不关注一下。即便是在这种情况下，他们对身体的关注度还是不够。他们会忽视身体出现的种种症状，直到疼痛无法忍受才勉强把注意力放到身体上。大多数时候，他们希望通过单一的药物治疗，让自己的身体机能迅速恢复。为此，他们不惜冒极大的风险，忍受药物的副作用。

尽管焦虑和抑郁的形式多种多样，但说到底，它终究是人们与自己身体的激烈对抗。它们强迫当事人全力关心自己，直到最后获得帮助。当我们的身体在抗议时，其实是焦虑和抑郁在警告我们：身体是自己的。

对焦虑和抑郁的研究应该直接从身体的感知入手。从上文中可以看到，对焦虑和抑郁出现的原因，人们普遍的理解是有问题的，人们对它们的评价本质上取决个人的经验。然而，身体的反应和感觉可以让所有人获得一种共同的经验知识。这种经验跨越语言和文化的界限，不受任何阻碍地被传达和感知。如果有朋友对我们描述他曾出现过的情况，比如他说不出话，呼吸困难，感觉喉咙堵塞，只想呕吐，最后自己精疲力竭。我们马上就能对他的痛苦感同身受。也许在他的生动描述中，我们甚至能感觉自己的脖子有轻微的窒息，这让我们略感不适。其实，我们没有必要为了理解朋友的处境，让自己身临其境。因为不管是什么原因让他出现这种糟糕的状态，我们要做的都是想办法帮助他。

通常，焦虑和抑郁会以身体的反应和感觉表现出来。当某些特定的身体情况频繁出现时，这会反映它们的一些特征。我们把观察到的特征归纳在下面的表格中，通过对比可以更清楚地认识焦虑和抑郁的相似之处。

很多人身上都存在着我们描述的这些症状，却对自己可能患上焦虑症和抑郁症浑然不知。一个人若处于担惊受怕的状态，他的身体会创造性地借助身体上频繁变化的症状蒙蔽患者和医生，让他们误以为是身体的某个器官出现了病变，这导致了很长时间以来都没有发现最基本的焦虑和抑郁，更谈不上治疗了。

本书中的第二部分《应对焦虑和抑郁的多种方法》将告诉大家，如何深层次地感知身体反应，从感觉上把握自身经历的隐约的、难以言表的焦虑和抑郁情绪，并且通过这种方式找到它们产生的原因和意义。

	焦虑时的身体症状	抑郁时的身体症状
普遍症状	疲惫 出汗 发抖 血液循环障碍	疲惫 潮热（中医学病症） 突然发冷、颤抖 普遍性的高敏感 无力 感觉不到生命的意义 内心空虚 感觉被时代吞没
头　部	头痛 眼冒金星 耳鸣	头重 头痛 视觉障碍 耳部有压迫感 耳鸣，听觉障碍 牙疼 舌苔肥厚，舌头有灼痛感 味觉失灵 口臭

续表

	焦虑时的身体症状	抑郁时的身体症状
颈　部	感觉哽住 窒息感 口渴，嗓子发干	感觉哽住 窒息感 嗓子被卡住
胸　部	压迫感 供气不足，呼吸不畅 胸腔疼痛 心悸 窒息 心跳加快 呼吸急促	压迫感（如同压着一块沉重的石头） 胸腔憋闷 心脏疼痛 心跳到嗓子眼 焦躁不安 心跳剧烈 呼吸困难，呼吸不畅
胃肠部	没有胃口 腹部不适 胃胀气 恶心，反胃 腹泻（由于焦虑而尿裤子）	没有胃口 腹部有不适感和压迫感 胃里饱胀感，胃胀气 胃灼热，打嗝 恶心，反胃，呕吐 腹泻或便秘，时而交替 体重下降 善饥症，无节制地吃甜食
膀　胱	膀胱有压迫感 突然的尿意频发	膀胱有压迫感和疼痛感 尿频 很难憋住小便 小便时有疼痛感
运动器官	颤抖 肌肉抽搐 手部活动失调 膝盖发软 肢体麻木	肩颈痉挛 四肢、背部疼痛 坐骨神经痛 抬不起腿

续表

	焦虑时的身体症状	抑郁时的身体症状
性生活	没有性欲 性功能障碍 性交时痉挛并疼痛 早泄或射精障碍	没有性欲 性功能障碍 性交时疼痛 经期紊乱 经期中断
大脑功能	声音颤抖或失声 注意力无法集中 记忆暂时错乱 思想障碍 睡眠障碍	脑部一片空白 经常感到累 注意力无法集中 记忆暂时错乱 思想障碍 睡眠障碍

▶ 错觉和焦虑

一位哮喘病人因突然发病从床上惊坐起来。当时是深夜，他正在一家酒店里，他感觉自己要快窒息了。他冲向门口，打开门开始深呼吸。新鲜的空气让他感到舒服极了，呼吸渐渐平稳。等到第二天醒来，他才发现，昨晚打开的不是房门，而是衣柜的门。

我们发现，处于焦虑和抑郁中的人时常陷入身体的不适。他们的注意力几乎全部都投入到身体的焦虑反应上，或者自认为有危险的周围环境中，这导致他们完全不关注内心的感觉和外在环境的真实情况。这一现象在专业术语中叫作“选择性知觉”。这种“选择性知觉”的致命后果是：当事人只看到、听到、感觉到加深他们焦虑的东西，而不去关注或很少关注减少焦虑的信息。

一位27岁事业有成的企业顾问向来都对自己信心十足，但是现在的他在给客户做报告时会发抖、腿软、头晕，最后只能中断讲话。即使是面对同事和朋友，他的手也会颤抖，所以他在工作时更多关注的是手抖，而不是待完成的任务。他忧心忡忡地观察周围的一切，想知道是否有人注意到了他的不安。慢慢地，他越来越疲惫，几乎无法胜任自己的工作了。他丧失了听力，备受耳鸣和睡眠障碍的困扰。

几个月以来，他无法正常工作，输液治疗没有效果，在耳鼻喉科医生那儿做了很多昂贵的检查，在神经科医生那儿做了脑电图，照过X光片，也做了核磁共振，但都没检查出任何毛病。最后，在与一位受过心理治疗培训的医生进行了一次偶然的谈话后，他终于承认，这种折磨人的焦虑很有可能会中断他辉煌的职业生涯。

几乎所有患有焦虑症的患者都会把注意力集中在自己害

怕的事情上。这位企业顾问在做报告的过程中，对参与者提出的批判性提问十分敏感，他觉得对方看穿了自己的缺点。与此同时，他完全忽略了本可以带来安慰和振奋的其他参与者的肯定。由此可见，治疗焦虑的过程中感觉训练是多么重要。本书的第二部分将对此详细阐述。

思想的变化

一个人还未活到一百岁，

却为一千年后发愁。

——东方谚语

您可以想象某个让您焦虑的场景，比如临考前的最后几分钟，第一次三米跳板的起跳，第一次约会或者其他类似的场景。您还能记起当时的心悸、腿软和窒息感吗？或者其他的什么反应？您能回忆起当时脑海中闪过哪些念头吗？比如我肯定要不及格了，我一定不能丢脸，老天保佑一定要顺利啊，我做不到啊等。焦虑和抑郁利用反复出现在脑海中的想法折磨着我们。这些念头肆意出现在无穷无尽的自言自语中，分散了我们对现实直接感受的注意力。最糟糕的是，它们迷惑我们，让我们误以为那就是现实，最终发展成为形式怪异的、病态的妄想。

我们所有人对自己周围的世界都抱有某种信念，这种信念随时随地可以学习，但大多数人是从父母那里学习到的。这些信念大部分都是重要的“认知”，它让我们明确生活的方向。但有些认知是无法改变的偏见，是对现实的扭曲，这种扭曲让人害怕沮丧。从形式和语言上来看，这些错误的认知又是完全合理的，人们没办法将它们与正确的认知区分开。如果经过同一社会或文化团体其他成员的再三确认，这种错误的认知会根深蒂固。

以下是焦虑和抑郁中最常见的错误想法和信念：

形象的想象

我已经预见了自己说不出话的情景。

我只要一想到飞机舱门关上就会喘不过气。

我梦见所有人都在嘲笑我。

我的脑海中出现电影一样的情节：我在开车时失去控制，冲向迎面而来的车流。

普遍的想法

我一直很倒霉。

没有人可以信任。

根本没人在乎我的需求。

如果别人了解了我，就不会再喜欢我。

我一定不能成为别人的负担。

每个人都必须独自面对命运。

努力不值得。

自我贬低

我不会。

我根本做不到。

我好笨。

我毫无价值。

我没有权利活着。

我是别人的负担。

一切都是我的错。

这是对我犯错的惩罚。

▶ 对错两极分化

我们的思维习惯将世界分成两个对立的部分，比如明亮与黑暗、上与下、男与女等。只要世界的对立面符合这个秩序原则，那么这个原则就是认识现实必不可少的。但是，如果把这个原则运用到那些非纯自然属性的事物上，就会对现实情况做出严重错误的判断。

一半的真理

先知带着一个信徒来到一座城市传教。布道结束之后，有一个信徒找到先知说："先知啊，这个城市除了愚蠢一无所有。居民们顽固至极，也没有人想学东西，你根本无法改变他们冷漠的心。"先知听了这话，和蔼地回答道："你说得对。"过了一会儿，另一位信徒走近先知，满面笑容地说："先知啊，你到了一个幸运的城市，这里的居民们全都敞开心扉，渴望听到先知的教诲。"先知依旧和气地笑了笑，也对这人说："你说得对。"

跟着先知的那个信徒惊讶地说："先知，这两个人的观点完全相反，您却说他们都对，黑的总不能是白的呀。"先知答道："每个人都按自己的想象去看待这个世界，我为什么要反驳他们呢？他们一个看到的是坏的一面，一个看到的是好的一面，这难道就能说明他们说得不对吗？这里的人和其他地方的人都一样，有好有坏。这两个人都没有说错，只是说得不全面罢了。"

——佩塞施基安《商人和鹦鹉》

大脑以自我为中心的运作方式是导致我们对现实做出严重错误判断的来源，所以我们才会觉得自己是宇宙的中心。如果我们认为自己的需求和评价、自己本身和自己的生存方式是正确的和好的，那么所有一切与此相悖的就都是错误的和坏的。然而，相反的情况也经常出现，人们觉得自己是错误的，别人都是正确的。但是，对现实事物进行正确和错误两种极端的划分方法是不可取的，尤其是这个在政治和经济方面与整个世界紧密联系、高度秩序化的社会里，和各种各样的人进行沟通协调是至关重要的。

对　比

习惯把世界划分为“好”和“坏”，把感知到的和认识到的东西进行对比，这两者之间存在紧密的联系。对比也是一项重要的天赋技能，比如我们能够安排科学的观察活动，或者在购物时有意识地关注商品的质量和价格。然而，如果将无法比较的东西也进行对比，那么对比就成了一种束缚，因为每个人独特又复杂的性格是无法通过对比来认识的。

对比不当

一位身患重病、奄奄一息的鞋匠来看医生。医生仔细检查以后觉得他已无药可救。鞋匠焦虑地问："真的没有办法了吗？"医生回答："很抱歉，我别无他法。"听到这话，鞋匠沮丧地说："如果没有别的办法，那么我还有最后一个愿望，希望您能帮我实现。我想要一口锅、四斤豆子和一升醋。"医生听了耸耸肩说："我不觉得这有什么用，不过既然你想要，那就试试吧。"整整一夜，医生都在等着鞋匠咽气的消息。但到了第二天早晨，出人意料的事情发生了。医生看到鞋匠仍然活着，而且精神饱满。于是医生在日志上写下："今天一位鞋匠来看病，我无法救治，可是四斤豆子和一升醋救了他。"

过了不久，一位身患重病的裁缝又把医生叫了过去。和上次一样，医生看过后觉得已经无药可医，对裁缝说他治不了。裁缝哀求道："真的没有别的办法了吗？"医生想了一会儿，然后说："也不是。前不久，有一个和您一样身患重病的人来我这看病，最后是四斤豆子和一升醋救了他。"裁缝说："如果没有别的办法，那我就试试吧。"裁缝吃了豆子，喝了醋，结果第二天死了。医生又在日志上写下："我昨天给一位裁缝看病，但我实在没有办法，于是建议他学那个鞋匠吃了四斤豆子，喝了一升醋，结果他还是死了。对鞋匠有用的东西对裁缝却没用。”

——佩塞施基安《商人和鹦鹉》

爱比较对自己和他人而言都是不公平的。如果我们失去心爱的人，但总拿新伴侣和旧爱比较，那么我们就会只关注新伴侣与旧爱之间的不同，极有可能忽视新伴侣的很多优点。另外，如果我们不断地拿自己跟别人做比较，这对自我价值感和自信心的影响是毁灭性的，会导致我们绝望地模仿他人、扭曲自己、折磨自己，对自己的现状永不满意。

自　虐

“正确”和“错误”的两极化与爱比较的习惯会诱导人们内心产生这样一种态度：迫使自己必须做到。在追求完美和履行义务的过程中，这种以自虐为基础的信念对自身是很不利的，比如：

我应该有能力承受一切。

我必须比别人优秀。

我必须理解一切，喜欢每一个人。

我应该一直有创造性。

我必须坚持，不惜任何代价。

不能让别人察觉出任何异样。

中学毕不了业就代表没出息。

如果我当众出丑，以后就没脸再在这儿出现了。

自　责

我们发现，极端自责的想法和自虐的义务感与随之而来的自我贬低息息相关。这种自责包括不可避免的严重过错，道德感和责任感的缺失，以及完全不诚实的感觉。在这些情况多样的自责背后往往隐藏着焦虑，害怕情况变得糟糕透顶，害怕别人失去对自己的好感或者担心自己的缺点。

▶ 对惬意生活的幻想

我们这个时代的生活哲学变成了“我不想努力”，“物质充足社会或者一次性社会”是现代生活方式的同义词。在这种现代生活方式下，各个生活领域里科技的普遍应用给我们提供了极度的舒适和便利。宣传机构预言，无须努力就可以过上快乐的生活。事实也的确如此，我们确实不用像上几辈人那样，为了快乐的生活付出很多辛苦的劳动。但这种舒适和享受文化的结果不仅给环境带来了负担，也让人产生了所谓的“富贵病”，这也是医学上的危险因素，比如缺乏运动、营养过剩、体重超标、新陈代谢紊乱，以及厌世、无聊和内心空虚导致的酗酒、吸烟等。看看那些真正自信、拥有充实生活的人，他们的生活肯定不那么舒适。一般来说，生活中的自信和乐趣是人们不懈奋斗、自我约束和努力工作的结果。幸福生活是要付出努力的。

▶ 回避焦虑的文化的假想

人类从来没有像今天这样，有如此多的忧虑，

也从来没有为如此多的原因而忧虑。

——英国哲学家伯特兰·罗素

和舒适文化一样，在面对“回避焦虑的文化”时，我们同样要付出高代价。当前，人类的生存受到诸多威胁，如核武器的毁灭性破坏力、新的疾病、生态破坏造成的危害，以及人类无法解释的种种问题（痛苦、死亡、命运、道德、意识）等。

面对这些威胁时，还存在一种人们没有认识到的焦虑。这种焦虑通过其他途径无情地闯入人类的意识中，以看似非理性

或神经质的焦虑症在人们身体里蔓延，所以出现医院在或心理医生的诊所里的焦虑症和抑郁症的患者越来越多。

生活中不可能没有焦虑，虽然人们可以依靠酒精和药品暂时麻醉自己，但这只会让一切变得更加糟糕。所以，放弃摆脱焦虑吧，让我们接受自己的焦虑。

▶ 我的命运我做主

很多人带着这样的念头生活：“我注定不会幸福。”但实际情况是，在每个人的生活中，有一些事情是我们无法选择的，比如不能选择自己的父母、不能选择肤色、不能选择出生的时间、身体的先天条件、与生俱有的天分或不足以及厄运等。自然法则和社会的游戏规则更是限制我们发展的可能性。

我们的一切经历首先是由我们自己的意志、想法、行为以及焦虑导致的，这才是日常生活的规则。我们每天都在重塑自我，经历新鲜的事情。我们描绘自己看到的景象，决定遇到的事情是好是坏。

野　鼠

如果人们把野鼠扔在一个装满水的玻璃圆柱体内，没有任何逃脱的可能性，它们会游来游去，行为极其不安，几分钟后会沉入水底溺死。人们用另外一组野鼠做对比实验，先在玻璃圆柱体里放入一根棍子，让它们完成自救，再拿掉棍子，人们会惊讶地发现那些野鼠一直游动80个小时直到精疲力竭，仅凭之前的逃生经验就能使第二组野鼠付出如此巨大的努力。

如果你真的想改变生活，其实是可以做到的。结果或许与我们的目标不完全相同，但大方向总是没错的。我们可以学会需要遵守的法则和游戏规则，老师、顾问、治疗师和庞大的媒体也可以提供帮助，如果经验丰富的朋友和亲属能够成为我们的榜样，那更是如虎添翼，把所有的可能性都利用起来吧。

妄想症

有间谍在监视我。

这饭有股金属味儿，肯定有毒。

我知道我已经无药可救了。

两天前，罗马教皇在电视里谈到罪行，当时我就意识到他是在说我。

我一无是处，纯属多余。

如果我死了，家人会如释重负。

妄想是一种不理性、与现实不符、不可能实现但人们坚信的错误信念，几乎没有任何现实基础。妄想和错觉共同形成一个自我逻辑体系。所以，想让妄想症患者相信自己的想法荒唐透顶是没有意义的。与之相反的，这种做法可能会使患者变得更加不安、失去信任感、封闭自己。最坏的情况下，他会变得有攻击性。

并非所有的患者都承受着妄想带来的折磨，其实他们的很多想法完全得到了社会的包容，所以他们不需要治疗。但是对于大多数妄想症患者以及他们的亲属朋友来说，偏执带给他们的是极度的痛苦和折磨。在这种状况下，他们还是应该接受专业的精神病学治疗。妄想和幻觉主要表现为精神病的症状。

行为后果

由于感觉和期待的片面性，焦虑症和抑郁症患者的行为受到很大的限制。面对想象中的威胁，一部分人选择退缩回避，另一部分人则用进攻来防御，变得有攻击性、粗暴、刻薄或者我行我素。最可怕的是退缩与攻击结合，导致抑郁，甚至自杀。这种克制或攻击性行为的最终结果是让焦虑症患者以一种荒诞不经的方式进入一种状态，在此状态中，他的焦虑得以证实。我们称之为自我实现的预言。

一位52岁的高级中学老师饱受心律不齐、失眠、疲惫和抑郁的折磨。在幻想自己遭到学生和同事的“批评”时，他的焦虑感会达到顶点。

在学生面前，他有意表现得亲近友善、平易近人。他大部分的业余时间都在备课，平时不愿意听课的学生也被他吸引。尽管如此，还是有个别学生上课不专心，只会挑衅他。他越来越不安，课堂上频频出错。一旦受到批评或者嘲笑，他就会失去自制力，骂人，甚至威胁学生。有一天，他被校长叫去，勒令他删除记录簿上对学生的记过登记。在那之后，他加倍努力，试图重新赢得学生和同事的认可，但他的精神变得越来越难以集中，犯的错误和学生的矛盾越积越多。部分家长向校方投诉，他自己也感觉到同事的排挤。在深受自我怀疑折磨的同时，他发现自己对学校、学生和同事的敌意越来越深，最后因为确诊心脏病在家休养了。

在这种困境中，单靠理智和知识是不足以解决问题的。要从如此纷乱的绝望中解脱出来，他们必须从行为上战胜自己。积极心理治疗中有一种针对性极强的方法：行为训练。（参见第二部分）

对未来的期待

很不幸，焦虑症或抑郁症患者看到的未来非常狭窄，他们看不到前景。对于未来生活，他们只能想象出自己曾经经历过的那份痛苦，或者设想一场灾难的所有细节，而他们必然会陷入这场灾难，毫无希望可言。

但也有另外一面，这一点在本书的第二部分会做说明。细细思考焦虑和幻想中的所有细节也有益于健康，面对所有结果，做好最坏的心理准备，是克服焦虑很重要的一步。只有经过这一步，未来才能成为具备新的可能、拥有新的经历和发展新的能力的自由世界。从某种意义上来说，只有这样生活才能重新开始。

焦虑和抑郁的面具

现在我们已经知道，焦虑和抑郁并非浮于表面，而是被隐藏起来的。我们的首要任务就是找出焦虑和抑郁的基本情绪，它们隐藏在身体的各种不适状况和一系列变态心理之下。

社会上，人们的一些行为方式和性格特点是对常见的焦虑问题的掩饰，比如顺从、随大流或自我克制。它们并不起眼，却为社会普遍接受，甚至备受期待，这种性格特点可以抵消别人的攻击。权势和名利确保人们拥有足够的实力和能力以抵御意料之外的危险。白日梦、沉溺于酒精和药品虽然对自身有害，但它们也能达到逃避恐怖现实的目的。厌世、妒忌或长期的悲观往往是一种消极的、带有攻击性的生活观念的体现，又带有抑郁的特征——放弃。

▶ 医学名称

恐怖症

患者面对某些客观的对象或处境而产生的强烈的或不必要的恐怖情绪。

- 广场或旷野恐怖症，一种后果极其严重的恐怖症。患有这种症状的人尽量避免去人群聚集的公共场合。如果病情加重，在某些极端情况下，患者甚至不肯离开自己的住处。
- 社交恐怖症比较普遍。患社交恐怖症的人会一直担心自己在别人面前失败、被取笑或者受到侮辱。
- 一系列的特殊恐怖症。比如狭小空间恐怖症、幽闭恐怖症以及各种动物恐怖症等。

恐怖症好像是突然从天而降的焦虑袭击。对患者来说，恐怖症的发作通常没有任何预警，这种情况使患者无计可施，又会再次引起新的恐慌。这种突发性的焦虑通常是越积越多，甚至一天之内能发作好几次。

“普遍焦虑症”是日常生活中一种过度的、持续不断的忧虑，比如总觉得自己的丈夫或孩子会出事。

心理焦虑比较特殊。极端情况下会表现得很古怪，随着性格的明显转变而发生变化。治疗医生经常会碰到这种情况，在与患者的交谈中，医生与其并没有实质性的接触和交流。患者大多沉默寡言、难以接近。他们不信任医生，甚至对其怀有敌意、攻击性。他们激动、不安、紧张或者呆滞、不动。幻觉和妄想常常折磨他们，人们无法从他们具体的生活情况、生活经历或某些事件中理解他们的焦虑。当他们表达时，听者又不能身临其境、感同身受。所以经常会出现这样的状况：患者微笑或面无表情地说着很糟糕的事情。

这样的焦虑靠交谈或者自身的力量是无法克服的。患有心理焦虑症的人迫切需要寻求神经科医生的医疗救助。

抑　郁

主要表现为无精打采、意志消沉、缺乏兴趣和动力。

- 消极反应或反应性抑郁症是由外部因素引起的，比如遭受损失、患上疾病或承担沉重的负担。
- 神经症性抑郁是对前期无意识的冲突、经历和焦虑的延期回答。按照行为治疗师的看法，它是不恰当的学习过程产生的结果。
- 内源性抑郁症主要是由生理、遗传和大脑的新陈代谢发生变化引起的。理解这种抑郁症必须结合患者的生活状况和生活经历。

- 隐匿性抑郁症常被误认为是器官疾病。在这种情况下，病症的反应主要为身体的痛苦，而心灵的痛苦被隐匿起来。
- 症状性抑郁与隐匿性抑郁症恰好相反。虽然它看似是一种抑郁的情绪，但其实是一种生理因素导致的疾病，比如未被发现的糖尿病、甲状腺功能紊乱、中毒或者癌症。在这种情况下，由于心理症状占主导地位，身体疾病处于不被察觉的危险中。

▶ 神话根源

恐怖症源于“Phobos”（古希腊语），意为“害怕”。在古希腊神话中Phobos是战神阿瑞斯和阿弗洛狄忒的儿子。士兵们把他的画像绘制在盾牌上，以此来震慑敌人。

恐慌源于“Pan”（潘神），潘神是古希腊神话中司羊群和牧羊人的神。潘神长得很丑。他的母亲看见自己生了这么一个丑陋的孩子，吓得直接逃走了。潘神在盛怒之下，迁怒人类，吓跑了他们的畜群，它们在惊慌失措中逃跑，永远离开了这个地方。

小　结

相信您已经知道如何感知自己和他人的焦虑和抑郁，也了解到焦虑和抑郁常常戴着假面具。当焦虑和抑郁表现为外部的身体症状，或出现在工作及社会行为中时，总是容易自相矛盾。您现在应该能够更有目的性地感受器官感知、感觉和思想的特点。最重要的是，您应该警惕焦虑和抑郁对未来规划产生不良影响。暂时还没有解答的问题是焦虑和抑郁如何产生，以及能否在它们之中找到重要的意义。

第二章
产生焦虑和抑郁的原因

破碎的碗

一位已婚妇女在一次旅行途中结识了一个情人，与他共度了一段美妙的时光。回到家后，她还是想着情人，除了情人，再没有什么事情能让她高兴起来。她不关注自己丈夫的成就，只当是天边的浮云。她悲伤无聊得想哭，但又不能哭，因为担心哭泣会泄露心中的秘密。一天晚上，她不小心摔碎了一只贵重的碗。碗碎了，女人哭了起来。她哭得太伤心，丈夫也不忍心责怪她，还与岳母一起安慰妻子："夫人啊，事情哪有那么严重，值得你哭成这样？"但女人还是不停地哭，她是在哭自己内心的无聊与忧愁。

人们的渴望、各种发展的可能性以及这世上的珍馐都是无穷无尽的，这与生命的有限性之间形成对立。我们甚至不知道什么时候就得放弃一切，与世界告别。这个难以理解和接受的事实让很多人不安和焦虑，这些烦恼也是生活的一部分，并不需要特殊治疗。

本书是为那些焦虑、失望的人而写，是为由于焦虑和失望感到束缚、无助的人而写，是为那些感受不到生活价值的人而写。他们常常觉得自己疯了。其实不然，他们拥有完全正常的理智。在他们身上，焦虑产生的原因也确实存在，即使它一般不为人所知。

本章我们将探讨产生焦虑和抑郁的各种各样的充分的，有说服力的原因。

身体因素

► 先天遗传

即使是生活在同一环境条件下的兄弟姐妹，他们在身体素质、对疾病的抵抗力、需求和行为方面也有着显著的差别。面对来自外界的刺激，他们的反应也不尽相同。能承受焦虑的人，他们天生比别人敏感，也更容易陷入迷茫。这虽然不是一种病，但是对于一个天性易怒的小孩来说，父母应该在教育中对这种性格格外关注。在孩子成年后，为他选择一种适应其天性的生活方式。

► 大众审美标准的制约

漂亮的人生活会较为容易些。在选择配偶、校园或职场生活中，不仅包括对个人内在价值的评估，如聪明、诚实、可靠和正直，还强调个人的外在魅力，而后者在很大程度上起决定性作用。那些生来就有身体缺陷或相貌丑陋以及后来遭受类似不幸的人的处境往往较为痛苦。异于常人的外貌经常使得他们形成强烈的自卑感，这种自卑会随着周围人对他们过于关心或冷淡的态度而日益加剧。因此，外表不完美的人需要培养坚强的个性，社会也应该为此创造有利的条件，以避免他们心理失衡，愈加孤僻。幸运的是，这种缺陷经常成为促人进步的动力，使人通过奋斗弥补自身的不足，进而取得非凡的成绩。

▶ 身体方面的疾病

焦虑和抑郁绝不只是简单的心理问题。它们通常由身体某一器官病变引发，导致中枢神经系统受到刺激。下面列举的是一些最常见的疾病，在焦虑感和坏情绪表现得还不清楚的阶段必须接受这些方面的检查：

- 糖尿病。
- 甲状腺病变、甲亢或甲状腺功能减退。
- 心脏病。
- 肺病。
- 贫血、缺铁。
- 器官性大脑疾病。

- 神经疾病、精神病。
- 癫痫（羊痫疯）。
- 单核细胞增多症（传染性腺热型）。
- 嗜铬细胞瘤（肾上腺素过多引起的肾上腺肿块）。
- 皮质醇增多症（肾上腺皮质酮分泌过多引起的肾上腺肿块）。
- 肝脏疾病，特别是酒精中毒引起的肝病。

很多人都忍受着器官功能紊乱的折磨。器官功能受植物性神经系统（或叫作自主神经系统）的控制，它之所以自主是因为不受主观意识的影响。部分器官功能紊乱总是伴随着焦虑和坏情绪，所以必须注意它们在成因上的联系。这种情况下，检查一般都得不出什么关键性的诊断结果。

接下来，我们要描述几种最常见，也是最熟悉的器官功能紊乱症状，以及它们引发焦虑和抑郁的原因。

经前期综合征

很多女性在月经来临前几天会出现经前期综合征。这种综合征主要表现为小腹和胸部的胀痛感、消化不良、头痛、敏感以及情绪恶劣。有人认为这是月经前体内雌性激素下降的缘故，也有人猜测是受到脑垂体的影响。对此，锻炼身体、全面补充营养、补镁、维生素B6（吡哆醇）、多吃穗花牡荆类植物的果实都是适合的治疗手段。

低血压

低血压本身并不是什么严重的疾病，却常常伴随着血液循环的障碍。主要症状为眼前发黑、晕眩、恶心、心悸和焦虑，典型的症状是手脚冰冷，时常伴有令人焦虑的心律不齐，如心跳过缓或过速。这些症状迫使患者不得不去医院就诊，但医生通常无法对此做出诊断。

选择适度而有规律的身体锻炼或许能产生良好的效果，最好是在空气新鲜的地方锻炼，或是用冷热水交替淋浴，或是蒸桑拿，症状严重时再选择吃药。其中，植物性药品的副作用最少，例如用樟脑和山楂制成的克罗丁来治疗血液循环障碍，用金雀花的萃取物来治疗心律不齐。如果官能症状类似甲亢，但血液里的甲状腺素又未超标，就可尝试用益母草来医治。

眩晕症

眩晕症也时常令人不安。晕眩症的发作大多与颈椎变化有关。诱发疼痛的主要原因来自某些特定的头部姿势。常见的颈部痉挛、僵硬和姿势不正可通过医疗体操、按摩、脊椎指压治疗法和神经疗法矫正。

肠和肠菌丛

肠和肠菌丛对于生物体起着重要作用。肠菌丛是细菌在肠黏膜上自然繁殖的结果，它们负责消化、解毒、免疫以及形成维生素等重要任务。肠胃区体内环境与外界环境的接触面积大约有200平方米，任何外界影响都不像从外部吸收的养料一样如此规律、直接、持续不断地作用我们的内部机体，这在我们去国外旅行时体现得最为明显。我们甚至无须食用变质的饭菜，光是吃不习惯的食物，肠胃就会产生恶心、呕吐和腹泻的反应。如果肠胃不对劲，我们整个人就会感到不舒服，常见的症状有疲劳、无力、乏味、情绪变坏和头痛。

除了肾脏之外，肠也负责排泄体内不需要的或有毒物质。长期便秘的人都知道，肠内毒素若不能及时排出体外是多么令人难受。

抑郁症患者更容易患上慢性便秘。焦虑症患者的排泄物往往较软，有时还会腹泻。腹泻和便秘交替发生也是焦虑症的常见症状。到底是腹泻还是便秘，大多取决肠菌丛的功能是否紊乱。但无论出现哪种症状，都说明那些原本对人的身体健康极其重要的细菌（主要是嗜酸性叉杆菌和乳酸杆菌）不再能将有害细菌和真菌完全排出了。造成这种肠内细菌不正常的最主要因素是饮食不当，即过多食用糖、白面食品、快餐、罐头、冷冻食品和成品类以及其他精加工的非天然饭菜和饮料。最好的补救措施是选择主要成分新鲜的植物食品和酸性奶制品组成的精纤维纯天然食品，如天然酸奶、脱脂乳、凝乳等。

要促进肠菌丛功能复原，可在有自然疗法经验的医生或专业医生的指导下服用我们一般所说的肠道共生微生物，比如益生菌口服液或者益生菌制剂。

身体的疲惫状态绝对不可以忽视，重病、外科手术、工作和体育活动不仅会给身体造成长期的过度负担，还会留下不可磨灭的心理影响。安排足够的休息时间或通过疗养放松身心能够有效预防焦虑感和抑郁的产生。

滥用药物

▶ 酒精

有一些药物和麻醉药剂会影响到神经系统，引起焦虑和抑郁。首先就是酒精。人们刚开始用它缓和情绪、愉悦精神，但长期饮用将会影响自己的健康，它不仅会损伤神经系统，还会伤害肝脏，使肝脏不能再充分完成排毒功能，可能会引发肝炎或黄疸病，甚至导致肝硬化，伴有精神失常和不省人事。药品的隐患也类似，它们原本是用于克服焦虑、缓解抑郁的，但对它们的依赖性最终却加重了焦虑和抑郁。

高敏感人群最好停止饮用咖啡和红茶，因为一开始，咖啡因会舒服地刺激人的精神承受力。可惜的是，获得的清醒却是“预支”的，身体会随时要求他返还当时强行夺得的活力。当人们食用咖啡过量而没有好好休息时，就会出现愤怒、焦虑不安和抑郁性疲劳等症状。

▶ 糖

糖本身无害，当甜食、可乐和其他饮料的摄入量达到一定程度时，就会出现健康问题。糖损害肠菌丛，却有利于危害健康的真菌繁殖。它会刺激胰腺分泌过多的胰岛素，胰岛素会将糖储存在身体细胞中，由细胞将其转化成脂肪。胰岛素分泌过剩导致体内血糖含量急剧下降，低于正常值，最后表现为低血糖。大脑首当其冲，因为大脑没有糖分就不能工作。一般情况下，人们会尝试通过迅速进食甜食来补充糖分，这样一来，就形成了恶性循环。

人们应该认识到，糖分摄入过多和血糖含量的大幅波动会给关键的神经系统造成不必要的负担。保持血糖值稳定的最佳方案是摄入均衡、不含糖分和白面食品的纯天然食品。糖的另一个坏处是它含有丰富的热量，但不含新陈代谢转化过程中需要消耗的维生素和矿物质。因此，过多摄入糖分会使有机体产生微量元素缺乏的症状。

▶ 缺乏症

维生素和矿物质对神经系统来说必不可少，其中最重要的就是B族维生素：维生素B1、维生素B2、烟酸、泛酸、生物素和维生素B6。最重要的矿物质是镁、锌和钙。生命体在维生素和矿物质供应缺乏时会导致神经系统紊乱，敏感的人会产生不安、焦虑和恶劣情绪。这种情况下，进食均衡的纯天然食品是最佳预防方案。同时，补充维生素和矿物质的药物也能起到一定作用。在按照医嘱服用药量的情况下，1到2个月左右的治疗一般都合理有效，也无风险，但补充营养并不是治疗焦虑和抑郁的唯一手段。

冬季，白天变短，就会缺乏充足的日光。一些对此现象敏感的人会产生抑郁情绪。去日照较多的地区度假，情绪就可自行改善。有时为了缓和低落的情绪，也可到户外日光下进行有规律、符合自身的运动。人们还使用专门的灯具作为治疗手段，模拟白天自然光线照射的效果。

激素变化

少男少女都要经历一个焦躁不安的青春期。这段时期内，他们的身体性器官、性生活和外貌特征发生变化，女性要面对月经来潮和胸部发育，男性则要经历变声期。身体感觉的明显变化和对异性日渐萌生的兴趣让许多成长发育中的个体感到不安，经常会出现诸如有羞耻感、自我价值危机、与父母发生冲突、情绪不稳定和忧虑等问题。

成年后，女性首先要承受体内激素平衡引起的重大变化。伴随怀孕和生育出现的是体内巨大的激素变化，它会打破人内心的平衡。更年期是女性和男性人生最后一次大的激素变化阶段。伴随更年期而来的是因炎热产生的头部充血、突发性出汗、心脏疼痛、晕眩感、焦虑感、易怒、情绪不稳和抑郁等问题。针对女性的这些症状，可采用由雌性激素和孕激素合成的低剂量人工荷尔蒙制剂为辅助治疗手段，草药方面可考虑服用穗花牡荆和升麻属制成的药剂。

社会焦虑

虽然我们的现代文明有很多确保安全的防范措施，但生活中仍然存在巨大的不确定性。科技进步一方面让我们的生活更加安全，另一方面也更加危险。技术和医学都在高度发展，但我们面对自然灾难和无数的疾病（如癌症和艾滋病）还是束手无策。

如果我们不想被这些信息影响生活，就要依靠人们的自控力。可是，有些人不可避免会受到这些骇人事件的影响，也不能阻止自己的担心。这些人天生就比别人“敏感”。但他们这种对普遍性风险的忧虑其实是很正常的，只不过轻易不能发现而已。把一种隐蔽的、不易被人理解的忧虑以一种显而易见的方式表现出来是一种常见的心理策略。这个“技巧”在精神分析术语上叫作推延。

通过排除和推延来抵制焦虑的缺点是人们把大量的精力花费在还未出现的焦虑上，从而没有足够的时间和精力去理会天生的深层次的焦虑以及日常生活中其他重要的危机和问题，比如家庭生活中的矛盾或者关于未来的妥善计划。一个人如果有了看似过度和难以理解的忧虑，这个防卫体制自然而然就会出现。

遗传反应

有些天生的焦虑是一种本能反应，其存在完全合理且由来已久。这一点，我们可以从婴儿身上观察到，比如害怕从高处坠落、噪声、意外接触、出乎意料的环境变化和剧烈的动作等，有些人成年之后也无法摆脱这些焦虑。另外，人们还有对黑暗、雷雨和风暴的焦虑，以及对野生动物和在深水区游泳的焦虑。这些焦虑本身并非病态。人们是否患上恐怖症，主要取决于这些焦虑是否影响了他们的正常生活：恐惧狭小封闭的空间、车流拥挤的街道、熙熙攘攘的人群，害怕过隧道、乘电梯、上自动扶梯、乘坐公共交通工具或者独自开车。极端情况下，对老鼠、蜘蛛、昆虫、细菌或垃圾的焦虑，也会升级为恐怖症。对于恐怖症，我们通常从推延出发，也就是说，原始焦虑或其他隐蔽的焦虑会以病态的反应表现出来。

对医学技术的担忧

很多人生病时最焦虑的事莫过于想象自己在医院或诊所里听任医生的摆布，冷冰冰的不知名仪器，态度冷漠的医生掌控全局。过去，人们对医生绝对信任。但现在，许多患者对医生持怀疑甚至是批判态度。人们普遍意识到医学和医生能力之间的界限，这对患者来说又是额外的负担。

当患者和家人表现出他们的担心，问起医生安排的检查和治疗是否真的正确和安全时，很多医生会生气、烦躁或者不耐烦。然而，只有设身处地理解患者的疑惑和矛盾的心情才能建立起彼此之间的信任，这对治疗取得成功尤为重要。在这一点上，我们只能迫切地向所有的医生和治疗师呼吁：正确看待患者的疑虑。如今的患者见闻广博，他们的问题和提议能让医生注意到被忽略的方面，从而丰富整个治疗方案。医生付出的时间和耐心会在之后与患者的每一步接触中收到回报，彼此之间的信任和尊重让患者和医生之间的接触交流由原本不太愉快的开端变成了一段令人满意的，甚至是让人心生喜悦的经历。

工作压力

未来的人生

一个商人有150匹骆驼用来驮东西，有40位佣工和仆人听他支配。一天晚上，他邀请一位朋友去他那儿做客。整个晚上他一直在说工作上的烦恼和困难，抱怨忙碌的工作。他谈到在土库曼斯坦的钱财和在印度的货物，还给朋友看了地产的合格执照和拥有的珠宝。

商人叹息着说："我的朋友啊，其实我想再旅行一次。在这次旅行后，我会让自己享受梦寐以求的宁静。这世上再没有别的东西能比这更让我心动了。在这次旅途中，我会将波斯的硫黄带到中国，我听说，硫黄在中国很值钱。再将中国的花瓶带到罗马，我有船可以将罗马的物资运到印度，再将印度的钢铁到阿勒颇，将阿勒颇的镜子和玻璃制品出口到也门，将也门的丝绒运到波斯。"朋友目瞪口呆地听完这些。商人一脸幻想地跟朋友说："接下来，我的生活将归于平静、思考与冥想。

这是我最后的目标了。”

——佩塞施基安《商人和鹦鹉》

工作不仅是收入和生存的保障，工作成就也是自我表现和自我理解的一个重要方面，它让人获得社会承认，带给人归属感。工作赋予日常生活以秩序和内容，给人们内心的安定和自信。对有些人来说，工作更是一种使命，是自我实现、满足和生活的意义。但是，今天由于许多企业的合理自动化和工作岗位的削减，约七百万的德国人面临失业。即使有失业救济，他们的负担依然沉重，这种情况造成了失业者的焦虑和抑郁。长期的失业状态会使人们遭受巨大的经济损失，比如不得不卖掉自己的房子，甚至很多失业者在贫困线上挣扎，必须靠领社会救济金来维持生活。

不仅是失业者，那些工作岗位目前尚且稳定的人也承受着巨大的压力。很多人抱怨他们在生活中经常面临很多糟心的问题，比如长期处于紧张状态、负担过重、害怕失败、出错、转车误点、落在别人后面或事业失败等。

因为某些工作岗位在技术操作上更新换代的速度很快，年龄较大的工人会感到力不从心。网络世界对玩游戏的孩子们来说是驾轻就熟，但对中老年人来说实在是一种折磨。

但年轻人又会面临别的问题，在持续时间越来越长的职业培训中，他们要学习的东西越多，他们的压力会越大，而这其中又有将近一半的知识很快会过时。除此之外，对于他们来说，还有培训程序带来的负担，学徒期间和大学期间的问题、各方面的竞争压力和成绩压力。所以，他们的首要难关是考试。一方面，各类考试要求学生具备足够的专业能力，另一方面，考试也是一种筛选的手段。在一些名额有限的培训课程和专业学习中，合格的标准非常高，大部分应试者必然会落榜。害怕考试是正常的。考生对自己的要求越高，这种害怕的情绪就越严重。

如果年轻人运气好，就能找到专业对口的工作。但是，想要将所学知识运用到今后的职业生活中，实现的希望却是日益渺茫。对今天的年轻人来说，用一份有意义且专业对口的工作在社会中为自己寻得一个稳定的位置已经不是容易的事了。同事间的紧张关系、与上司的矛盾或者与老板的冲突经常会加剧恶化工作中所有的烦恼。一名员工受到其他同事排挤、刁难和打击的现象可以用一个词语来形容——霸凌。

有一种情况听起来可能比较奇怪，但它确实存在，即在工作中过度放松也会成为焦虑产生的原因。如果劳动市场不景气，那么人们只能屈就于远远低于自己能力的工作，或者由于公司发展策略的原因，公司会将责任重大的岗位优化掉，将此岗位上的员工下放到毫无意义的工作上苦熬。最后，担心退休后经济问题的人在职业生涯的末尾陷入危机。他们不得不离开几十年来熟悉的同事圈子，觉得自己不再被需要，眼睁睁看着规律的生活变成一片空白，克服这一切需要花费人们大量的精力。

正因为成就在我们的社会中如此重要，它才适合用来平衡弱点。夸大成就原则就与生活中其他领域的不足紧密相关，比如与伙伴和家人之间的关系变得紧张或者自我价值感出现问题，有些人害怕让期望值过高的父母失望。如果过分强调成就原则，没有给其他的活动和需求留有余地，那么这种过分强调其实就是一种代偿作用体制。也就是说，人们选择用逃匿到成就中的方式来弥补情感上的空白或掩饰自己无法舒适地感知自己的身体器官。这样的人处于过度自我理想的状态中，这种现象在专业术语上称为“自恋性的过分夸大自我”。

从表面上看，这种自我膨胀掩饰了个人的不足，实际上却有着致命的缺陷。自恋者依赖外界给予他们的赞赏，他们做出成绩只是为了证明自己，不幸的是，他们证明的不是真实的自己，而是获得了一种生活权利的状态，“成就”变成了生活中的唯一意义。过分强调成就原则也会导致能力全面衰竭，这意味着，一方面不稳定的自我系统就此崩溃，焦虑和抑郁反应会频繁出现；另一方面，生病也是个体抵御超负荷压力、保持内心平衡的最后一次机会。

▶ 自恋

自恋是一种过分的自我中心主义或者自我爱恋。自恋者给外人的感觉经常是坚强、容光焕发、漂亮、有优越感或者骄傲。然而，这种外在的光芒更多是为了隐藏自己内在的缺陷和脆弱。

在自恋者的生活经历中，母亲一般被描述为有同情心、态度亲切、慈祥或者值得依赖的形象。父亲往往缺席，总是被过度理想化，或者因为不顾家庭遭到怨恨。自恋症患者大多都在童年时期有挨打的经历，他们想要获得爱、温情和尊重的需求没有得到满足，因此内心没有足够美好的体验，不能形成稳定的性格核心，他们长大以后遇到问题容易产生矛盾的心理。一方面他们无法抑制对爱与获得认可的渴望，另一方面，他们又极易受伤，心灵极度脆弱。

亲密关系的冲突

战争如何产生

一个波斯小男孩问他的父亲："亲爱的爸爸，您能给我解释一下战争是怎么产生的吗？"父亲说："我很愿意讲给你听。你想象一下，波斯派遣它的部队到中国……"母亲突然插话说："你怎么能给一个小孩讲这种胡编乱造的东西，波斯什么时候跟中国打仗了？"父亲试图解释："我只不过想借这个例子来说明战争是怎样产生的。""可这些荒唐的例子只会把孩子弄得晕头转向，而且你这是撒谎，中国和波斯根本没有打过仗。"父亲生气了："什么？你说我是个骗子？我花时间给孩子回答问题，你却没完没了地挑剔，要是你觉得你解释得更好，那你来说吧，好像什么事情你都比别人清楚一样。""太过分了，你竟然用这种口气跟我说话，以后我再也不管你说什么了。"正在这时，儿子打断了父母之间的争吵，说："爸爸妈妈，你们不用给我解释战争是如何产生的了，我已经知道了。"

人际交往和寻求社会归属感是人的基本需求，只有严重的精神病患者或出于宗教信仰而遁世修行者才会永久脱离人际关系。人从一出生就依赖紧密的人际关系。心理分析学家勒内·施皮茨通过对某孤儿院90名婴儿的研究证明：完全缺乏爱和情感关注会诱发严重的抑郁症。孩子先是爱哭、爱喊叫，接下来危险的就是他们体重开始下降，最后整个人变得麻木。尽管孤儿院给他们提供了足够的食物和护理，但还是有三分之一的孩子会在两年之内相继死去。

正因人际交往对人的健康成长至关重要，所以人际关系的负担才是诱发焦虑和抑郁最常见的因素。人们的生活里隐藏着无数引发误解和冲突的可能性，这让我们的生活变得危险和反复无常，让我们不知所措。我们如何处理与伴侣、家庭和社会生活的关系，很大程度上取决我们是否在成长过程中接受过相关的教育，是否为此做过充足的准备。

▶ 亲密关系中的焦虑和抑郁

与一个人的关系越亲密，与之发生冲突的可能性就越大。自从以前的大家族被现代小家庭取代之后，伴侣之间的不同看法便直接激烈地碰撞在一起，亲戚朋友再也不能从中进行调和。如果两个来自不同家庭背景的年轻人生活在一起，他们之间的冲突更是一触即发。他们怀着对同居生活的较高期望和极大的热情，但缺乏生活经验。发生性关系、婚姻以及怀孕都会使两个人之间的关系愈加亲近，而关系越深，越会引发焦虑。矛盾点在于，这一切往往是人们对亲密关系、责任、依赖或者丧失独立的焦虑，痛苦的体验常常摧毁人们原本对爱情的幻想。误解、互相伤害、不忠、害怕被利用或者觉得自己魅力不足都会导致情侣分手或者夫妻离异。如果一个人在分手后不能开始一段新感情或者不停地换男／女朋友，那么她／他就很容易陷入孤独的抑郁状态之中。

堕胎的问题比较特殊。对于任何一个女性来说这都是个痛苦的决定。失去孩子带来的悲伤、愧疚感、负罪感，以及对当初催促自己堕胎或推脱责任的伴侣的怨恨，在许多年以后会以焦虑和抑郁的形式表现出来。

▶ 与家人和朋友有关的焦虑

在家庭内部和朋友圈子中，最关键的问题在于害怕失去爱，比如没有得到足够的尊重和肯定、遭到冷落、拒绝、伤害、羞辱、惩罚、不公平对待、孤立或者背叛。如果以上这些原因真实存在或是当事人相信这些原因的存在，就会导致抑郁的产生。特别是近亲死亡对人的打击，尤其是与死者有长期亲密关系的人更为致命。失去爱人的悲痛往往要持续好几年，有时他们甚至会感觉自己的一部分也一起被埋葬了。更有甚者，如果一个人与死者曾有过多年的争执，那么死者的离去对他来说不是一种解脱，而是给他留下一桩“没有结束的交易”，这会给他的心灵带来极大的痛苦。

▶ 公共场合的焦虑

人们关心自己的公众形象是可以理解的。但对有些人来说，公众的意见是一种负担。他们生活在焦虑之中，害怕当众丢脸，害怕成为别人的笑柄，害怕一直“被踩”。这些人每走一步都会问自己，别人是怎么看自己的。他们最害怕在大庭广众之下失去控制或以任何一种方式出洋相。当他们发抖、结巴、脸红或出汗时，他们也担心别人察觉到他们的不安。紧张的时候会出汗，他们又担心自己身上有难闻的异味会引起别人的反感。显然，有这些担心的人，每次去公开场合都要经历一番激烈的思想斗争，因为在公众场合他们的行动会受到限制，与别人的交往也有障碍，他们很难表达出自己的意见，公开发表言论，对别人提出要求或者挑战权威人士。

▶ 对进攻的焦虑

只有当个体的需求在法律和文化规范的范畴内得到满足时，人类的共处才可能实现。尽管如此，一个文明人有时仍需要某种程度的战斗准备，比如必须克服来自他人的阻力、实现自己合理的愿望或利益以及道德和政治上的信念。这种排除他人或社会的干扰以达到自己目标的行为必然会引发一定的焦虑和不安。

目前常见的教育重点在于让孩子服从父母或社会的规定。这种对孩子要求得过早且过度压制会引起他们的抵抗，但孩子又不能将这种抵抗完全释放出来。孩子一旦任由愤怒自由发泄，就会失去爱、会挨打或者受到其他惩罚。按照这个逻辑，小孩会害怕教育者们或公开或隐蔽的指责，同时也惧怕自身的愤怒。在孩子成年以后会倾向长久克制自己的反抗冲动，比如当他在公司的利益一再被忽视时，会变得越来越有攻击性。内心的怒火积压得越多，越害怕有朝一日灾难性的爆发。

从心身医学的角度来看，愤怒和焦虑更多的是影响患者本身，他们会感觉胃痛、头痛或浑身痉挛。另一条出路是转移，即如果人们将自己的攻击性转移到别人身上，那么别人就变得有攻击性，而自己不会再充满怒火了。

其实，患者一直在自身沉积已久的攻击行为和麻木的焦虑之间徘徊。最严重的时候，他受到阻挠的战斗准备会促使他产生自杀的念头。关于如何适当处理自己和他人的攻击性，我们将在第二部分中讲述。

对未来的恐惧

死神的信号

一名男人与死神结下友谊。一天，他对死神说："你是世界上最成功的人，无论你想去哪儿，你都能做到。我对你有一个请求，你来接我之前，一定要及时通知我。"死神答应了。等他来找这名男人时，男人说："你不是认真的吧，你答应过我，会提前通知我的。"死神答道："我已经给过你很多次信号了，但你从来没明白过。你父亲去世时，你不知道那意味着什么；你的母亲过世时，你没听见这个讯息；我把你的姐夫、邻居和朋友相继接走时，你也视而不见。别说了，明天就跟我走吧。"

第二天，死神将男人接走，带上天堂，他将成群的死者指给男人看。这些死去的人正大喊着："你为什么不及时通知我？我本来还可以做很多事的。"死神说："你现在知道人们是怎样无视我的信号了。"

——佩塞斯基安，《心身医学和积极心理治疗》

上文中，我们已经多次提到对个人、整个人类以及其他的不可预测的危险因素。面对疾病、战争、核能的毁灭性和环境破坏这些残酷的现实，人类竟然没有更加害怕，这一点令人震惊。

为了过好日常生活，我们必须把这些危险从意识中排除，否则我们无法好好思考，也不能集中精力做事，更别提去爱或去享受，就连休息都很困难。尽管我们每个人都具备“排除”这个对于生活十分重要的能力，但是在内心深处，在潜意识里，还存在着关于人类生存的有限性的知识。不管我们是否愿意，在不眠的夜晚或者噩梦中，我们总得面对根植内心深处的对于死亡的焦虑。

当迷失在无止境的、难以想象的、飞速扩展的宇宙空间维度时，我们不禁问自己：下一步是什么？身体的死亡也是意识的终止吗？在我们的感觉之外，还有别的世界存在吗？究竟有没有上帝、魔鬼、魔力、灵魂、超自然力量、转世和再生？即便我们经过自然科学的教育后已经坚决地否定了这些问题，但仍然将其保留在某些意识层面，它们仍然在寻找、怀疑、预感，它们渴望一种更高的、更真实的、更全面的东西，也渴望着解脱。

今天，人们对生活无意义的焦虑愈发普遍。随着生活水平的不断提高，越来越多的人发现，财富的积累或消费的增长和品质化已经不能让人获得持续的幸福感了。金钱和享乐主义填补的是因缺乏未来方向和精神寄托而出现的空白，因为已经不存在唯一的主管机构和权威了。以前，教堂作为主管机构会准备好一切具有约束力的回答，比如生存的意义、死亡和死后生活等，但现在每个人要自己负责寻找答案。正如著名心理学家维克多·弗兰克尔所说，人们需要寻找意义的意志。

我们认为，信仰和寄托是人类的基本需求和基本能力。人们可以直接超越自身存在和感官直觉去思考。超越感官直觉的意识虽然跨越了原本由感官就能直接接触到的事物，这些看似真实的、内里有逻辑的事物又可以通过感官来检验，但这并不能减少它对于人类心灵的迫切性。如今，各种宗教、哲学和世界观理论以符号比喻象征，通过内省和思考，对诸如人从哪里来、到哪里去、为什么活在世上、生存的目的又是什么等问题给出了答案。

寻找意义的关键一步在于与别人交谈，但我们所处的时代有一个怪现象，很多人不敢与别人探讨这些问题，因为他们担心会给别人造成负担，或者害怕自己得不到理解，甚至遭到嘲讽。

克服闭口不谈的焦虑心理，在共同寻找和人们的团结中获得安慰、力量和信心是克服焦虑和抑郁的关键步骤之一。我们遇到一些坚定地信奉上帝或者信仰某种理念的人群，这种信仰带给他们令人惊讶的力量和信念。如果这种信仰转变为宗教狂热，这些人就变成了与现实脱节的宗派主义者。

从发展史的角度来看，这些不可思议的焦虑由来已久。虽然人类经历了启蒙运动和自然科学的发展，但它们还是深深扎根在我们的潜意识中，仍然能在迷人的、令人不安的童话，以及梦境和幻想世界中遇见它们。当这类焦虑表现得过于明显时，必须对其进行严肃治疗，结合患者实际生活情况，将它们作为治疗的重点内容。

难以适应变化

谁想要好的东西，就必须懂得满足，

谁想要得到一切，其实是不想要任何东西，会一事无成。

——德国哲学家黑格尔

健康和幸福在生活的不断变化中逐渐达到平衡。与其他有生命的生物一样，人生来就有着固定的节奏、习惯和规律，追求内心和日常生活的重复。一旦这个节奏遭到破坏，人们身体的逆反机制就会启动。人们首先会本能地抵制所有破坏规律生活的事物，会让那些不可避免的、深刻改变我们生活的事件变得危险。另一方面，人类发展必然要接受新鲜事物，只有在克服身体逆反机制的过程中，人们才会成长。人们应对生活状况剧变的能力是很惊人的。但是，如果一下子发生太多的变化，或者发生在一个被其他类型的焦虑、冲突和负担压垮的人身上，那么他的逆反和适应能力将会彻底崩溃。当事人要么被焦虑淹没，要么陷入抑郁，甚至还会引发严重的身体疾病。当然，每个人的承受程度是不同的，仅仅猜测这种危险的生活变化就足以造成一次焦虑危机。

童年时代的阴影

不干净的巢穴

有一只鸽子喜欢频繁地换巢穴，因为它实在无法忍受巢穴内刺鼻的味道。它跟一只很有智慧的老鸽子抱怨了这件事情。老鸽子频频点头，然后说道：“你如此频繁地换巢也没用，因为那种令你不快的气味并不是从巢穴中散发出来的，而是来自你的身体。”

——佩塞斯基安《商人和鹦鹉》

截至目前，我们所讨论的焦虑和抑郁产生的原因是我们在现实生活中曾经面对过的，在一般情况下也能发现的。现在，我们要谈到一些比较难理解的原因。这些原因我们早已经忘了，而且它们看起来与现在的焦虑和困难毫无联系，即来自童年时代的焦虑。

每一种焦虑和抑郁都有历史，其根源要追溯到童年时代。

对孩子来说，世界是难以理解的，他们的情感和情绪也不稳定。日常生活中偶尔发生的事情很有可能在孩子心里埋下了抑郁和焦虑的种子。

一次影响深远的出丑经历

我们在前面介绍过的那位企业顾问，他很害怕在同事和客户面前出丑。于是，治疗师请他回忆，在最近一周内他感到特别有压力的一个场景。他很快就想起了一次展示会，会上他要向客户介绍自己的一个重要项目。治疗师和患者借助心理戏剧的方法，在谈话治疗的现场重演了那一幕。

治疗师："您站在哪儿，客户坐哪儿，房间是什么样的，您能回忆起这些细节吗？"

患者（好像房间就在眼前）："那儿是展示台，这儿是门，那儿是窗户，当时光线很刺眼，屋里很热。"

治疗师："好的，请您站起身来。您现在与客户站在一起。这儿是展示台，那儿是门，窗户在那边，客户坐在那里，光线很刺眼，屋里很热，现在您感觉怎么样？"

患者："我很热，我感觉我在出汗。我小腿发软，手也不知道该放哪。”

治疗师：“接下来发生了什么？”

患者：“我站在展示台旁介绍我的项目。”

治疗师：“还有什么？”

患者：“有两个客户在窃窃私语，这很干扰我。”

治疗师：“好的，您站在展示台旁介绍项目，后面坐着两个人，他们正在低声说话。您感觉怎么样？”

患者：“我感觉右手在发抖。”

患者的右手的确在轻微地颤抖。

治疗师：“接着又发生了什么？”

患者：“有一个客户向我提了一个出乎意料的问题，我觉得受到了冒犯，有点儿没办法思考。幸好我最后想到了一个聪明的答复，才摆脱困境。我再也不想遇到这种尴尬的场面了。”

治疗师：“您感觉怎么样？”

患者：“头晕得厉害，右耳耳鸣，我好想坐下来。”

治疗师：“请您重新回到座位上。您还能想起另一个尴尬的场景吗？”

患者思考着。

治疗师：“可能是一个已经过去很久的场景，也许发生在您的童年时期。”

患者：“我只是想起了一件很愚蠢的事，但我不知道，这件事是不是真的有意义。”

治疗师：“有时候恰恰是一些小事决定了我们的生活。”

患者：“是我们学校礼堂的一次戏剧演出。”

治疗师：“您当时多大？”

患者：“当时我刚升入高中，剧本是同学们自己写的，我演主角，我父母坐在观众席的第一排。我很紧张，但庆幸的是，演出很成功。剧本上写结束时，我应该深鞠一躬，同时帷幕落下。等实际演出结束时，我按照剧本写的鞠了一躬，等着落幕。但是幕布迟迟没有降下，因为负责幕布的同学睡着了，忘记了工作。我就站在那儿，保持着深鞠躬的姿势，一动不动。当时的场面太可怕了，我就傻乎乎地站在那么多的观众面前，完全不知道该怎么办。后来，我拼命喊：闭幕！闭幕！所有人都在大笑，我羞愧得无地自容。”

治疗师：“您看起来很伤心。”

患者眼睛红了，擦了擦眼泪。

治疗师：“我也很受触动。但那是一个没什么意义的故事，而且也没发生什么糟糕的事，但对您来说，那件事太恐怖了，以至于您记到现在，就好像昨天才发生一样。当时您的父母反应如何？”

患者：“结束之后，我哭着跑到街上，我爸跟在后面笑。其实，结局本来应该特别有趣，我演得也很棒，可我难过了好几天。”

这个例子表明，一种更深层次的焦虑其实是隐藏在表面焦虑之下的，但深层焦虑产生的原因比表面可见的焦虑的原因更容易被察觉。它也表明，现在焦虑引起的身体反应如何引导我们重新走入过去的经历，而过去的经历其实在当时就已经引起了患者的焦虑。如果这些经历和因其受到伤害的情感像例子中说的那样是一种因满怀羞愧而保守的秘密，那么对成人来说就显得过于幼稚或荒谬了。

当所有隐藏在内心深处的小秘密因治疗师和患者的共同理解而开始被吐露时，这才是治疗工作中最激动人心的时刻。但还是要强调，在焦虑和抑郁的严重病例中，为了把患者从痛苦中解救出来，凭感觉回到（心理治疗师称之为“倒退”）唯一的童年经历中是不够的。

治疗师和患者之间理解与信任的体验应该作为首要方式来考虑，因为它使患者敢于碰触过去痛苦的经历，直到显示出焦虑和抑郁精神动力的复杂性。

对生活秩序产生重大影响的事件

升学、培训、换工作、搬家、失业、政治和经济危机、战争、逃亡、青春期、与父母分开住、建立一段亲密关系、结婚、怀孕、生子、成家、离异、失去所爱的人、身患重病。

引起焦虑和抑郁的童年经历

童年时期较差的生活条件不一定会导致心理问题，快乐的童年也无法保证心理健康。但患有明显焦虑症和抑郁症的人们的人生经历中，都发现了类似的情况，胆怯、抑郁的人经常忍受着因童年的不幸带来的痛苦，比如生病、母亲要求过高、父母很早离异或父母一方过世，这让他们感觉自己是不幸福的。这些情况说明了童年时期的经历对人的性格发展和日后心理稳定都会产生巨大的影响。

此外，父母对孩子的不尊重、轻视和羞辱也会伤害孩子的情感，损害孩子的自我价值感，即使他们成年后，还是无法摆脱童年时期的阴影。这些体验感的缺乏往往造成他们过度渴望享受生活，希望得到赞赏与认可。这种渴望刺激他们过分努力、过分追求成绩，出现自我要求过高的危险，最后发展为身心俱疲的抑郁。一般情况下，即使他们付出更大的努力，也不能满足他们对生活和爱的更高的渴望。这样一来，这些人总是体验着他们在童年时期就已经熟悉的痛苦情感：得到的不够，不满足或者不讨人喜欢。

然而，就连父母对独生子女的过分娇惯也容易使孩子产生焦虑和抑郁。雷蒙德·巴特盖说："溺爱就是失败的第一步。"对于他们来说，要放弃父母给予的安全和照顾是非常困难的，有时成年后也是如此。

▶ 抑制

不思考过去的人，

只会被迫一直重复过去。

——奥地利心理学家西格蒙德·弗洛伊德

比起成年人，儿童有着更加坚定的生存意志，这种意志只会在极端条件下消失。德国教授勒内·施皮茨观察到，如果儿童在特别需要照顾的幼年时期被忽视，他们的力量就会枯竭。儿童体内有一种几乎不可阻挡的力量，它使儿童在逆境中成长、发展和生活。为了避免受到成长过程中恶劣条件的阻碍，儿童拥有一种将痛苦的经历与困苦从意识中剥离的心理机制，心理分析学称之为"抑制"。然而，抑制并不是简单地忘记痛苦的经历，痛苦在潜意识里继续起作用，继而形成一种不信任、焦虑和愤怒的态度。在未来的生活中，只要与抑制的创伤类似的情形出现，人们就会重新体验到最初的痛苦，但对两者之间的关联浑然不知。

烦人的念头

一位34岁的女性有一个身患残疾的女儿。三年前，她开始有睡眠障碍，晚上会突然感觉害怕。女儿出生之后，这种情况有了明显的好转，但是在治疗开始前的几个月里病情又加重了。她的丈夫是一个电脑专家，一年前因为患神经性心脏病和焦虑症一直接受治疗。根据治疗师的建议，这对夫妇决定通过共同治疗来解决问题。自从女儿出生后，他们夫妻间的亲密和性生活完全消失，他们把精力全部投入到生病的孩子身上。经过医院的精心治疗和护理，孩子恢复得很好，很快就去上幼儿园了。

现在最迫切的问题是这位女性的睡眠障碍，她常常在晚上叫醒她的丈夫，丈夫先是无可奈何，后来不耐烦了。

治疗师：“您晚上睡不着时都做些什么？”

患者：“我就在床上翻来覆去，想一些很愚蠢的事情。情绪突然开始激动时，我会喊醒我的丈夫。”

治疗师：“您想到的事情也许并不愚蠢。恰恰相反，可能您的潜意识认为有一些东西很重要，但您在白天的时候无暇顾及，所以它们在晚上才出现。您完全可以把脑子里闪过的念头一一记录下来，最好是在夜里您睡不着的时候。即使有一些想法看似乏味、无聊，也请您把它们都写下来。”

第二次治疗时，患者带来了一个小本子。

患者：“管用了。我睡不着的时候，就把脑子里想的东西都写下来，后来我就睡得好多了。”

治疗师：“您都写了些什么？”

患者（难为情）：“啊，都是些傻话。”

治疗师：“如果您不介意，我们可以一起看看，是不是真的都是傻话。”

患者：“我老是杞人忧天，总觉得我女儿会出事。”

治疗师：“这很正常，曾经您不是很担心女儿的健康吗？您想象中最坏的情况是什么样子的？”

患者：“嗯，她可能会病得很重，或者会出事故。”

治疗师：“最严重时，她可能会死。”

患者：“这我接受不了。”

治疗师：“我能理解。您女儿现在应该上幼儿园了吧，您也要开始工作了，这意味着，您每天会有几小时见不到她。女儿越大，对您的依赖就会越少。”

患者（哭了起来）：“我不知道为什么现在又哭了，我总是不由自主。”

治疗师：“您这会儿感觉如何？”

患者：“特别孤单。”

治疗师：“这种感觉是什么样的？”

患者：“我感到冷，感觉您和我的丈夫都离我很远。”

治疗师：“保持这种感觉，冷和孤独的感觉会让您想起什么吗？”

患者：“这种感觉在家里经常出现，在我母亲那儿。”

治疗师：“那时您多大？”

患者：“大概6岁或者7岁吧，当时我刚重新回到母亲身边不久。”

患者在九个月大时被送去了养父母那儿。在这之前，她父亲去了国外，再没有回来。母亲患上了多发性硬化，直到病情稳定时才把6岁的女儿接回自己身边。

治疗师：“您对这段时间的记忆是什么？”

患者：“我的母亲总想抱我，但我不愿意，她对我来说很陌生。”

治疗师：“您与养父母还有联系吗？”

患者：“他们年龄已经很大了。我只能记得，我从没有觉得他们是我的父母。”

治疗师：“您能回忆起与他们在一起时的温暖时光吗？”

患者：“他们把我照顾得很好，您所说的温暖时光指的是什么？”

治疗师：“就是您与您的女儿在一起时做的事情，和她亲热，把她抱在怀里，在一张床上睡觉。”

患者：“没有，我与养父母没有做过这些事情，主要他们年龄都大了。”

治疗师：“您感觉怎么样？”

患者：“我很伤心。”

治疗师：“的确，当我想象您九个月大的时候，就离开了母亲，我觉得很受触动。对于一个小女孩来说，失去所有的温情和安全感是多大的灾难。您的养父母肯定是好人，但他们无法弥补缺失的母爱。那段时光影响了您对世界的信任。您6岁的时候回到母亲身边，但对您而言，她已经是陌生人了，您也不想要自己不曾熟悉的温情。女儿出生后，您竭尽全力，不想让她再经历一次您经历过的困苦。您和女儿变得亲密无间，您在女儿的身上找回了自己长期以来欠缺的亲密和爱。我想，起初您与女儿在一起时应该十分幸福，您的丈夫就变成了多余的人。”

夫妇俩严肃地点头。

治疗师：“然而，女儿给您带来的幸福也有消极的一面。一方面，您知道，您的丈夫不再得到您的关注，他很痛苦；另一方面，女儿越长越大，总有一天你们不会再像现在这样亲密，我认为这是造成您焦虑和抑郁的主要原因。”

丈夫一直认真地倾听这次对话。

丈夫：“看见我妻子哭的时候，我也要流泪了。”

治疗师转向患者：“您现在的感觉如何？”

患者：“我觉得很对不起他。有时候我会问自己，他还能坚持多久。”

治疗师：“这会儿您感觉怎么样？”

患者：“我很累。”

治疗师：“今天的谈话对您来说很辛苦，我们还有相当一部分费力的工作要进行，但是我相信，这些都是值得的。”

这段记录了夫妻双方治疗进行到第七个小时的对话，不仅说明了现实的痛苦和情感与生活早期所经受的痛苦和经历之间的联系，也说明了心理问题涉及的人与人之间错综复杂的相互影响的关系。所以在接受治疗时，家庭成员和相关人员的介入很重要，尤其是患者提到的人。与患者交谈远比谈论患者来得有效。

良知、道德和负罪感

吃枣的人

一个女人带着她的小儿子去智者阿里那儿，她说：“师父，我儿子得了一个奇怪的毛病。他从早到晚都在吃枣，如果我让他吃，他就会大喊大叫，声音大得天上的人都能听见。我不知道该怎么办，请您帮帮我吧。”智者阿里和蔼地看了看小孩，对母亲说：“你们先回家去吧，明天这个时间再来一趟。”

第二天，这个女人带着儿子又来到了智者阿里面前，阿里把小孩抱到他的大腿上，亲切地跟他对话，还拿枣给他吃，最后说：“枣虽然好吃，可不能贪嘴呀，还有很多别的东西也很好吃。”智者说完这个话就让他们离开了。女人很惊讶，问道：“您昨天为什么不说这些话。您要是说了，我们今天就不用走这么远的路，再来一次了。”智者回道：“我昨天并不能说服你的儿子，因为那个时候我自己正在享受枣的甘甜。”

——佩塞斯基安《商人和鹦鹉》

正如前面提到的，公共生活需要规则、法律和约定，也就是共同和可信的行为规范。我们将这些规范称为原发能力和继发能力，它们对于人的社会化来说是不可缺少的。我们首先通过父母和学校的教育认识它们，随后它们变成了我们的生活习惯，我们几乎不会有任何质疑，只会牢牢遵守。正是因为绝大部分的社会规范起了作用，我们才没有跟别人发生更多的冲突。更准确地说，它们保证了我们在社会中与他人和睦共处，因为与我们打交道的所有人都遵守相同的规范。

只有在发生以下情况时才会出现问题：

- 我们的规则和价值与其他人的发生矛盾；
- 外部规则和我们内心的要求相反；
- 我们的需求、利益或信念与别人的发生冲突，但又没有利于双方且有约束力的规则来解决冲突；
- 内心的多种规则或价值观互相冲撞；
- 面对多种不同的观念、哲学、意识形态、宗教和文化，我们想获得一种对自身而言是正确的观点。

面对这样的时刻，我们被赋予一种叫作良知的精神功能。良知并不是坚定地履行学到的社会规范。不打任何折扣遵守社会规范是对人们赤裸裸的压迫。良知的特点一方面体现在尊重道德楷模和道德传统上，另一方面要用清醒的感知、理智和对现实生活的直觉对其进行检验，并在对其他价值观念的深入研究中得到充实。良知不依赖他人的看法，但也不是对不同的观点漠不关心。它听从心声，也为自己和他人负责任而由衷地高兴。但是我们想知道，是什么阻碍了良知的发展。

▶ 患者与治疗师之间的爱情

过度的喜悦会带来痛苦，

人们一旦大笑，眼睛自己就会流泪。

——德国诗人弗里德里希·吕凯特

治疗关系有可能发展为一种特殊的情况：女患者爱上男治疗师，男患者爱上女治疗师。治疗情景的特点是唤起儿童般单纯的情感。暂时的回归或倒退到童年时期的情感世界是一种有意义的治疗手段，它能使人们下意识的要求和焦虑明朗化，所以患者对于治疗师的爱总是很单纯，其中夹杂着需要的成分。这种爱与和母亲或父亲之间的爱类似。如果不是因为治疗师特别的精心照顾，正常情况下，这种爱几乎不会发生。同时，治疗师成为患者的爱人，是不被允许的。

可以这样说，治疗师爱上患者是毫无风险的。但问题是，如果这些提供帮助的人因为自己爱的愿望没有得到满足，那么他们的专业能力会受到影响，他们也无力掌控一段亲密关系。这不仅会使治疗失去效果，丧失可信度和公信力。这种亲密关系也可能诱发一系列招致强奸的行为，比如叔叔、兄长、老师、雇主、治疗师等，由此更加深化了患者内心的迷惘、焦虑、羞耻感和罪恶感。

心理治疗师在培训中会把很多时间用于自我了解。在这个过程中，他们应该认识到自身的问题，并学会将其克服。这一切都是为了以后在治疗中，治疗师能够不把自己的问题与患者的问题混淆或混杂在一起。尽管有所准备，但治疗师作为一个普通人，还是无法避免陷入受批评的情况。在患者的魅力面前变得不知所措并不是一件可耻的事情，但出现这种情况后，治疗师应该向一位自己信得过的专业同事寻求帮助，心理治疗师们称其为“监督指导”。如果监督指导仍然不能让治疗师控制自己的情感，那就有必要将患者转诊给另一名治疗师。

▶ 无法避免的过错

《圣经》中关于原罪的故事说明人类的认识和意志注定与

过错联系在一起，在古希腊悲剧中体现得更加明显。主人公虽然竭尽所能正确行事，但仍旧要承担罪责。

雅典三大悲剧作家之一的索福克勒斯所写的关于俄狄浦斯的悲剧故事就是很好的例子。根据德尔菲的预言，俄狄浦斯会杀死自己的父亲，娶自己的母亲。为了逃脱这一可怕的预言，他离开了父母，但他不知道，那其实是他的养父母。在一场战争中，他杀死了自己的亲生父亲——底比斯国王。他将底比斯从斯芬克斯的统治下解救出来，作为奖赏，他娶了底比斯国王的王后，也就是自己的母亲伊俄卡斯忒。自此，灾难开始了。俄狄浦斯执着地寻找真相。当他认识到自己可怕的过错时，他戳瞎了双眼，离开了底比斯，变成一个绝望的乞丐，四处流浪。最后，他得到了众神的宽恕和拯救。

弗洛伊德关于俄狄浦斯情结，即恋母情结的理论得名于这个古希腊神话人物。这个理论说明，焦虑的原因在于孩子没有摆脱对异性父母一方的爱恋。上一段内容中我们谈到了罪恶感和羞耻感，它们产生的根源是家庭对乱伦关系的界定不够清楚。俄狄浦斯的悲剧进一步说明，无论我们怎样寻求伦理上的正确，到头来总是有所过失，对于我们自己、别人或任何原则都是如此。

- 一个母亲有三个孩子，当其中一个孩子生病需要她照顾时，她必须把另外两个孩子、自己及丈夫的要求搁置一旁。
- 一名急救医生必须在有多名受伤人员的事故现场决定先抢救谁，其余的伤员可能因得不到及时治疗而丧命。
- 一位32岁的女建筑师正处于事业的辉煌时期，和她一样迫切渴望能有孩子的丈夫催促她做出决定。但她觉得自己有义务扮演好工作上的角色和生理上的角色，所以想两者兼顾，两方面都能做得出色。

▶ 虚假的负罪感和责任感

良知发出的正直呼声督促人们不断修正自己的错误行为，但它绝不会产生负罪感。负罪感更多是以忏悔和自我指责的方式表现出来，以消除可能的批评，缓和对自己良心的谴责。

犯错的人通过自我指责和表现出来的痛苦获得他人的友善与宽容，从而原谅他们。但这只是因为犯错的人害怕会对未来产生不利的影响。与责任感相比，这种负罪感并不是对自身行为做诚实的忏悔，也不是痛改前非，只不过是一个补救仪式，人们在忏悔、遭受足够的痛苦之后，会有意无意地再次重蹈覆辙。这种虚假的负罪感让受其影响的人时而受到良心的折磨，时而感到多重压力，这两种痛苦交替出现，没有尽头，没有结果。这种折磨人的轮换交替，每新一轮都要付出高额的代价，人们必须痛苦万分才能获得片刻的喜悦。

结束这场仪式的第一步是坦白自己的行为。我们应该对自己所做的一切承担责任，而不是陷入负罪感中。我们所做的事情也正是我们想做的。如果我们做了不愿做的事，或不去做想做的事，那只有一个理由可以解释：焦虑。焦虑的出现是有原因的，即使我们认识了形成焦虑的所有原因，焦虑也不会自行消失。最后，我们还是只能接受它，坚定地面对它。

焦虑背后的焦虑

当我们恨一个人时，我们恨他的那些方面也在我们自身之中存在。我们本身不具有的东西不会引起我们的反感。

——德国作家赫尔曼·黑塞

我们在引言中已经强调过，焦虑最糟糕的地方在于它的不可捉摸性和表现出的异常。我们也指出，焦虑和抑郁是由多种因素造成的，如天性、躯体的功能紊乱、童年时期的经历、重大的生活事件、现实的压力、冲突、内心创伤以及未来的不稳定因素等。我们还提到，人的内心有“绝技”可以用来应付难以接受的经历，也就是抵御机制。绝技之一是抑制，就是表面上的遗忘，另一个则是推延。

当内心深处正着酝酿一种难以控制的毁灭性焦虑，隐藏着吞没我们的危险。这时，抵御机制就会起作用，比如害怕丧失自我，即人们不再知道自己是谁，害怕失去生活的意义和价值，甚至害怕死亡，畏惧自身的本能冲动，特别是当它们具有破坏性时，或者畏惧强大的良知。

这种隐藏在内心深处的焦虑以一种较为温和的形式发泄出来，就像一座火山，从外表看来一切平静，但是在成堆的岩石下蕴藏着巨大的、危险的能量。地面突然出现很多个裂口，有时也包括离火山口较远的地带，然后火和硫状物喷涌而出。很多人内心的焦虑和抑郁也如这般演变，难以领会的、不明确的焦虑情绪为自己寻找一个可以附着的具体事物，比如胸部肌肉痉挛引起的胸口抽痛会成为担心心脏出现问题的理由，从而发展为心脏恐怖症。这种情况的好处是患者好歹有一个可以解释内心焦虑的虚假理由，他可以让自己和治疗师长期关注心脏症状，从而避免研究深层的焦虑。

▶ 焦虑的积极面

在人们内心深处隐藏着焦虑，它们积聚起来的能量又表现在虚假的焦虑之中。后者的焦虑往往言过其实。因此，我们的任务是发现最根本的焦虑，观察它、感觉它、熟悉它，最后克服它。

我的焦虑积极面

一名52岁患有焦虑、抑郁和强迫症的化学工作者在第五次谈话治疗后的感想：

焦虑使人谦虚。

焦虑使人对自己和他人更加宽容和忍耐。

焦虑使人更好地发现并享受生活中的小欢喜。

焦虑使人避免过度劳累和重负。

焦虑有利于理解社会边缘人士。

焦虑缓和人们对完美的强烈追求。

焦虑增强对关键事物的观察力。

焦虑使人对自己，也对他人诚实。

焦虑使人更清楚地区分真正的快乐和虚假的快乐。

焦虑使人能更好地思考自己。

假如我不再有那些病态的焦虑，我会做些什么？

- 身体方面：

我会进行更多的体育锻炼；

我会对自己的身体素质提出更高的要求；

我会试着从手工劳动中获得乐趣和对自我的认可。

• 职业方面：

我将报名参加进修课程，但只参加感兴趣的课题；

我会拓展新的工作领域，学习新的技术，这些在焦虑时根本不可能实现。

• 家庭和交际：

我会与我的妻子进行一次美妙而浪漫的双人旅行；

我会租一个大大的度假屋，在那儿和朋友、家人度过周末；

我会和那些因我的焦虑而失联的朋友重新取得联系；

我将尝试研究内心，尝试慢慢实现生活中可以完成的愿望。

• 关于未来、生活的意义、死亡和上帝：

今后，我一定更有想法地去生活。这样，在我过世以后，会留下一些永恒的东西。

死亡变得不再那么可怕。因为焦虑让很多简单的愿望都无法实现，其实追求充实、满意的生活肯定更加轻松愉快。

焦虑和抑郁的意义

问题不是为了得到解决而存在，它们只是形成生活必需的紧张气氛的极点。

——德国作家赫尔曼·黑塞

心理痛苦和身体痛苦往往毫无意义且多余，所以为什么不能一直轻松愉快地享受生活呢？没有痛苦和忧愁，不受约束，充满乐趣。众多的政治家、商人、保险业专家和广告界人士的承诺和宣传让我们向往安全、舒适和纯粹的感官生活带来的快乐；制药业承诺能快速且不费力地消除疼痛和痛苦；许多医生和他们的患者也相信，自然科学和技术可以治愈几乎所有的疾病。

遗憾的是，事实并非如此。尽管医学界、心理学界和国家已经做出了很大的努力，但人们还是无法战胜焦虑和抑郁。它们如同古希腊神话中的九头蛇，被砍下的头越多，滋生到社会中的速度就越快。难道焦虑和抑郁是一种蔓延的瘟疫吗？就像从前的鼠疫那样，让人类束手无策，或者从另一个角度看，它们其实是我们拥有的很珍贵的东西?

这些问题的答案，您在引言中已经基本了解了。焦虑和抑郁其实是警报标志，它们是为了防止更糟糕的情况发生。这种负面的消极情绪给身体和心理都造成了一定的影响，但它们其实是对现实存在的危险、还没有解决的冲突、再也无法忍受的负担、没有得到满足的要求以及潜力没有得到应有的发挥空间等问题的对抗。

焦虑和心理痛苦在两个方面起到调和作用，一是在我们的本能、情欲和愿望之中，另一个是在自然与社会的现实、界限和法则之间。焦虑和抑郁让我们完全适应现实情况，同时它们还提醒、帮助我们保持自己的个性。我们相信，承认焦虑和抑郁是合理且正常的反应，才有治愈它们的可能。

小　结

我们在第一部分介绍了焦虑和抑郁在身体感知和思想上的多种表现形式、行为方式以及它们的假象。焦虑和抑郁常常与许多影响身心平衡的现实危险或负担联系在一起。即使是童年时代的经历，它们看似早已被忘记，但还是会对目前的内心造成相当大的影响。

一般情况下，对焦虑和抑郁的解释远不止一种。无论人们只有意识到，只有在认清过去、现在和将来对身体、工作和社会生活的多种多样的影响的基础上，我们才能正确理解焦虑和抑郁。我们也将生活中许许多多不起眼的小压力称为微小创伤。任何一个微小创伤产生的影响都不是巨大的，但它们是慢慢累积的，如滴水穿石般，慢慢产生作用。

第一部分我们想着重说明，通常情况下，有焦虑症和抑郁症的人并非不正常，或者说他们没有任何缺陷。相比常人，他们拥有了一种保持健康的能力，这种能力极为宝贵。凭借这些能力，他们即便只是短暂接受专业治疗，也能控制住自己的痛苦。当人们认为焦虑和抑郁是合理的且有意义的，治愈的希望才最大的。接下来您将了解到，哪种类型的帮助是有益的、有意义的，患者的亲属、朋友或医生应该怎样去帮助他们以及患者本人如何帮助自己。

察觉

观察

第二部分

应对焦虑和抑郁的多种方法

Part two

聪明的医生

古代巴格达有一个女人，她胖得连走路都成了问题。有一天，她决定去看医生，想要医生给她开一种减肥药。于是，她来到医生家里。

医生招呼她说："请走近一些。"

她走近并坐了下来。

医生："你感觉怎么样？"

女人："我感觉挺好的。我来是想让您为我检查一下。"

医生："你哪儿不舒服？"

女人："我想让您给我开一种减肥药。"

医生："愿上帝帮助你，但是我得先查阅一下预言书，看看哪种药适合你。现在你先回家吧，明天再来听答复。"

女人："那好吧。"

第二天她又来了。

医生："亲爱的夫人，我在书中查到，你七天后就会死去，所以我认为你不用吃任何药了，反正是要死的人了。"

听了医生的这番话，妇女很害怕。她回到家中不吃不喝，伤心极了。七天过去了，可她并没有死，还瘦了。到了第八天，她仍然活着。于是她又去找医生。

女人：“今天已经是第八天了，可是我没有死啊。”

医生：“那么你现在还胖吗？”

女人：“我现在一点也不胖了，我太怕死所以瘦了很多。”

医生：“这就是药，恐惧就是减肥药。”

第三章
克服对心理治疗的焦虑

克服焦虑也需要付出努力。心理治疗完全能够成功治愈焦虑症，其中最重要的前提是患者要始终配合治疗。隐藏的焦虑和表面的焦虑是所有不同心理症结的核心问题。只有找到身心焦虑、压力和抑郁的根源，才能奠定整个治疗过程的基础。以生存恐慌作为例子，如果一个绝望或厌倦生活的人在接受治疗的过程中再次感到恐慌，那么应该将其视为巨大的进步，这表明他的生活动力依然存在。

哪位治疗师是合适的人选？

单凭自身的力量想要摆脱焦虑和抑郁的恶性循环几乎不太可能。患者折磨自己的时间越长，陷在绝望、徒劳、疲惫、自我价值丧失、羞耻感、回避和放弃的泥潭里的程度就越深。因此，尽早寻求专业人士的帮助是关键性的一步。但面对如此多的治疗师，谁更合适治疗自己呢？这只能依靠患者自己的主观判断。当然在选择治疗师的过程中有一些标准可供参考。

▶ 治疗师的个人品质

把某人患焦虑症和抑郁症的消息告知他本人时，要一步一步慢慢来。

——德国心理学家阿尔诺·雷默斯

焦虑和抑郁不仅让患者失去自信，还会随时动摇患者对他人的信任。如果患者在与治疗师的接触中不能重新建立起对他人的信任，那么不可能成功治愈焦虑症和抑郁症。所以在建立治疗关系中的信任基础时，必须排除众多障碍，忍受长时间的精神负担。患者有意识或无意识地求助心理治疗，是因为他想重现曾经的冲突和失去的经历，但这一次不会像曾经那样危险，从而达成克服焦虑和抑郁的目的，所以患者会坚持测试治疗师的个人品质，在通常情况下患者意识不到这一点。患者会将过去关系中的情感，比如说与父母之间的情感，转移到治疗师的身上，而治疗师也必然会带着某种感情回应。能否正确处理这种直接的感情要求治疗师具备较高水平。

研究表明，应用心理分析、行为或格式塔治疗的理论模式来治疗焦虑和抑郁并不能决定治疗结果的成功与否，起决定作用的反而是治疗师与患者交往时的基本素质。因此治疗师应该具备以下能力：

- 能倾听他人，也就是具备足够的耐心和时间的能力。
- 能够认真对待患者，并严肃看待患者的问题。
- 相信患者，即相信患者的能力、潜能和治愈潜力。
- 有足够的经验，最好自己有过焦虑和抑郁的体验。
- 自信，即相信自身的水平和治疗能力。
- 能够设身处地地为患者着想，并愿意从情感上关心患者，愿意讨论治疗关系中可能出现的困难。
- 在言语和非言语表达上都是可信的、真诚的。

治疗师应该注意避免以下几点：

1. 提出建议。解决自己问题的长期方案只能由患者本人提出。治疗师的任务是提出查清原因的问题，把患者的注意力引向他迄今尚未重视的方面。

2. 说教。不允许治疗师将自己的价值观强行灌输给患者，患者的生活方式必须适合他本人，没有必要与治疗师相同。

3. 劝导。患者有自己的生活经历，因此，他们自然比治疗师更熟悉自己的生活状况。治疗师和能为自己负责任的成年人打交道时不需要用劝导的方式。

4. 盘问。治疗师不是侦探，不是一定要不惜任何代价地把患者的所有弱点公之于众，应该尊重患者不愿表达的想法。

5. 分类。将患者按类型或诊断结果进行严格分类的做法忽略了每一个人的独特性。治疗师诊治的是人，不是诊断结果。

6. 理论化。每位治疗师都需要一个符合自己工作的模式。理论永远都只是工具，它永远不应该凌驾于患者和治疗师的生活现实和感情之上。

7. 低估。患者的内心痛苦才是衡量心理治疗迫切性的标准，而非外在可见的痛苦。

▶ 彻底检查最重要

医学由三要素构成：疾病、患者和医生。

如果患者不与他的医生进行配合，

那么所有的治疗手段都是徒劳。

——中世纪瑞士医生帕拉塞尔苏斯

焦虑和抑郁常常是由身体方面的原因，或者是由身体的疾病引起的，所以一定要让医生进行下列诊断，以排除器官性病变、功能紊乱或缺乏症的可能性。

- 详尽的既往病例（医生的询问）。
- 详细的身体检查和神经病学方面的检查。
- 化验室：血象、鉴别血象、伽马—GT和GPT（肝）、肌酸（肾）、胆固醇、血脂、维生素B12、叶（片）酸、TPHA（梅毒）、HIV（艾滋病毒）、TSH（甲状腺）、血糖、电解质（钙、钾）、铁储存量。
- 进行EKG、EEG、CT检查。
- 抗抑郁药物：前列腺肥大患者慎用，应该测量眼内压。

第四章 应对焦虑和抑郁的五个阶段

如果人们做的是大事，就不必在意一些小事。

——德国剧作家弗里德里希·黑贝尔

治疗焦虑症和抑郁症的方法不尽相同：药物治疗、行为治疗、心理分析、完形（格式塔）治疗法、语言疗法、天然疗法、交谈疗法、转移活动疗法、心理戏剧、成对式疗法、家庭式疗法、小组式疗法等。

在这里我们不对各类心理治疗学流派多作评论。治疗师经验丰富，能依靠各种治疗手段灵活应对各种不同病例的要求，这才是人们希望出现的。积极心理治疗法融合了各类疗法中的有效因素，发展为一种包含五个阶段的治疗过程，这种方法在实践中颇有成效。

第一阶段
正确理解自己和周围世界

聪明的人觉察一切事物，

愚蠢的人评论一切事物。

——德国诗人海因里希·海涅

本书的第一部分已经描述过，焦虑和抑郁是随着身体的不适而出现的，比如每个人在剧烈的身体运动后心跳都会剧烈跳动。这种症状虽然让人感觉不舒服，但也能够接受。绝大部分的焦虑症状，比如出汗、颤抖、胃部不适或晕眩，虽然都很难受，但是如果人们清楚地知道这些没什么大碍，那么还是可以忍受的。

身体的焦虑症状最严重之处在于身体常常会出现莫名其妙的不适，不受意志的控制。此时，思想开始发挥作用，要求为这种无法解释的感觉找到一种理由。于是它会虚构出糟糕的解释：我要死了，我快疯了，我会出丑。针对身体的不适感做出的灾难性的阐释就是焦虑症的根本问题所在。只有凭空想象灾难发生才会使身体真正进入激动不安的状态，从而使患者更加确信不幸的存在，最后导致一个愈演愈烈的恶性循环。它让人陷入惊慌失措之中，或者彻底避开某些特定场合。

▶ 仔细观察你的内心活动

患有焦虑症和抑郁症的人在面对疾病时经常感到很无助，只能任其摆布。他们陷入自身的痛苦之中，这痛苦如同监狱，没有任何逃脱的可能性。

从中逃脱的第一步就是要进行全面的自我观察。运用你所有的器官，感觉喉咙里的异物，倾听脉搏的跳动，观察手如何颤抖，闻闻身上的汗味，尝尝口中的苦味，这是眼前的现实，是你身体的症状，这就是你自己。也许你会对此表示不满，可能会说："不，这些不是我的，我要摆脱它们。"然而，焦虑并不是陌生的事物，它不是缺陷，也不是错误，你不能像切掉一个肉瘤般摆脱它。焦虑是你自己创造的，它与你是一体的。正如我们在第一部分讨论过的，它是合理且必要的。

► 习惯感觉你的身体，即使开始时比较别扭

每天两次用5到10分钟的时间来感受你的身体，简单地感受身体的状况。如果很难察觉到什么东西，你可以尝试着感受自己的呼吸和坐垫的压力。这时，你立刻就会察觉到体内发生的一切。身体内部的事物至少与外部的同等丰富。如果你把自己的感觉，愉快的和不愉快的都记录下来或者告知某个人，这是最好不过的。尽可能具体地描述你的内心状况，做一个每日观察的笔记，不要急于寻求解释，慢慢地，你会熟悉你的身体，包括它让人不适的一面。

你感到焦虑或者消沉时，也可以用这个办法。在哪儿感到焦虑，在哪儿感到抑郁，人世悲哀体现在哪里，你的沮丧在身体上有什么表现，把这些都写下来，或者与别人谈谈，让自己对自身的焦虑和抑郁情绪不再那么陌生。尽可能仔细地思考它们，因为它们是您的一部分，你必须与它们共处。接受这个观点很难，但是如果没有精神类药物（这些药物在个别情况下是完全有用的）对其进行抑制的话，你将无法回避这些。

▶ 如果你成了自己内心世界的专家，你能从中获得什么呢？

最大的好处是当焦虑和抑郁的情绪出现时，你知道自己将会面临什么，能够提前做好准备。你能辨别出焦虑和抑郁都有哪些不同的表现方式，由此获得一定的安全感。你会越来越善于处理自己的不良情绪，这就如同和一些熟人交往，虽然不喜欢他们，但可以学会如何与他们相处，这会增强你的自信心。与治疗师之间充满信任的关系又进一步加强了自信。随着时间的推移和生活状况的规律，身体上的不适也会慢慢减轻。

▶ 观察你的思想

我们已经说过，焦虑症和抑郁症的致命之处在于人们把事情想得很糟。在第一部分已经专门用一篇探讨过思想。**注意你的想法，尤其当你感觉不好时，将其记录下来，告知治疗师。十分想要让想法和信念接受批判性的检验，心理学家将其称之为认知的重新评价。**区分真实的和非真实的思想轨迹这一关键性判断是您独自无法完成的，因为在充斥着焦虑的某些生活方面，您的意识很可能存在盲点。

一名学习企业经济学的29岁大学生从来没认真对待过他的学业，十六个学期之后，他再次面临毕业考试。因为第一次没有通过，现在他很害怕再次不及格。几个月来，他从早到晚都在书桌前埋头苦学，直到筋疲力尽。身体上的不适折磨着他，他感到背疼、头痛，还有耳鸣、失眠。他没法全心投入学习，因为他不断回想起上次考试时的场景:当时发了试卷，他发现自己的准备工作全都白费了。

治疗师：“人们在备考时偏题的情况是很正常的，那么您都做了哪些工作来确保自己的复习是正确的呢？”

患者：“我经常和别的同学交流，有时候也从任课老师那儿得到一些消息，我还复习了往年所有的考试内容。”

治疗师：“您确实竭尽所能来降低失败的风险。”

患者：“不及格的概率有百分之十。迄今为止，我每次考试都要考两次才能通过，但这次可能不同。”

治疗师：“我觉得，您大概是希望自己万无一失，百分之百地通过这次考试。”

患者微笑着点头。

治疗师：“但是这种希望是不存在的。”

患者：“确实，这简直是白日做梦。”

治疗师："如果您没通过会怎么样？"

患者："我会先把自己灌个大醉，然后打电话把这事儿告诉我的女朋友、父母和朋友。"

治疗师："然后呢？"

患者："接下来的两天可能情绪会不太好，之后这事就可以过去了。其实还有一次补考的机会，或者不毕业直接去工作。我之前一直在一家银行实习，那儿已经同意录用我了。只不过拿到毕业证工资会再高一些。"

治疗师："也就是说，即使您过不了也没什么大不了的。"

患者："但我必须得过。"

治疗师："这是谁说的？"

患者："我的学业是父母资助的，他们现在越来越着急了。"

治疗师："这一点我可以理解，但是如果您这次还是过不了，他们会做些什么吗？"

患者："不会做什么，但他们会失望。"

治疗师："这不是第一次了吧？"

患者："不是。他们可能已经习惯了。但是现在我必须通过考试。"

治疗师：“谁这样要求您？”

患者：“是我自己，我现在想彻底结束学业。”

治疗师：“原来是您自己想这么做。这很好，您也正在朝这个方向努力。”

患者：“我不知道。有时候我觉得自己做得还不够。”

治疗师：“所以您总坐在书桌前，直到筋疲力尽。您是在试图做一些不可能做到的事情，也就是把失败的风险降低到零。”

患者：“因为我觉得只要我还没完全掌握所有的考试内容，我就不能进行体育活动或者和朋友见面。”

治疗师：“您永远不可能学会所有的东西。您这么紧张劳累，已经不能集中精力学习了。您坐在书桌前只是在为自己开脱，其实您已经感觉到了疲惫和痛苦，再也学不下去了，只想开小差，只想着下次考试时的恐怖场景。我不认为这是明智之举。”

患者：“确实，我也这么想。疲惫的时候休息一下是挺好的，恢复锻炼可能也有好处。周末有个聚会邀请我参加，我应该去吗？”

治疗师：“您想从我这儿听到什么呢？”

患者想了一会儿，然后他的脸上露出愉快的神情：“我确实有兴趣重新参加一些活动了。”

这段对话治疗表明，正确的思想与不适宜的信念如何交织，最终导致患者生病。这个例子中的患者通过治疗师的提问改变了自己的想法，再次为自己寻得了重新行动的方向。

▶ 对周围世界的观察

真正的秘密藏于可见的事物中，

并不在不可见的事物中。

——英国作家奥斯卡·王尔德

本书的第一部分已经指出，对周围世界的看法因感知的歪曲而经常变得模糊不清，因此我们只能从外部，最好是借助一名治疗师来试图接近有争议的外部事实。针对自身行为、他人行为以及周围环境的真实性研究最好放在一个具体的场合中进行。假如一个人在开车时产生焦虑感，那么在理论上，治疗师可以一块儿坐进汽车，以便仔细观察患者，帮助他渡过难关。有些行为治疗师确实会离开诊所，和患者一起去面对危难场面。这个过程其实是一种对峙疗法，适用极其严重的焦虑症。

一般情况下，没有必要在诊所之外进行治疗。在诊所内模拟问题场景是比较容易的，很适合进行角色扮演，表现心理戏剧的技巧。首先要邀请相关人员来到诊所，只有在成对或家庭式共同的谈话治疗中，那些纠缠不清的话题和感情才会更加明确地显现。此外，治疗师本人就是坐在患者对面的一个真实的人，患者可将他的感觉和焦虑传达给治疗师。以下的谈话记录可以清楚地说明这点：

一名25岁的安装工人两年多以来因焦虑发作而丧失工作能力。他在一家精神病医院接受过抗抑郁的药物治疗，病情也曾暂时好转。尽管他坚持吃药，但是当他的母亲被确诊为癌症时，他的焦虑症还是再次发作了。此谈话记录出自第六个诊断小时。

治疗师："您今天感觉怎么样？"

患者："糟透了，又发作了一次。"

治疗师："我发现您今天根本不看我。"

患者抬起了头。

治疗师："您看上去很生气的样子。"

患者："对，因为我停药了。"

治疗师："请您再看着我，您感觉到了什么？"

患者："我特别想抓住您的衣领，教训您一顿。"

治疗师站了起来："好吧，请您也站起来，您想怎么教训我呢？"

患者捏紧拳头，放到胸前："我会这样揪住您。"

他的脸因发怒而变形，拳头也在颤抖。

治疗师："您好像很生气，感觉您的身体内有一股极其强烈的怒火要喷涌出来。还有什么别的事情让您觉得愤怒吗？"

患者："有。我母亲得了肿瘤，但是没有人告诉她，其实她自己也猜到了。

"父亲和兄弟不让我们大家告诉她，我受不了这种欺骗。您能想象吗？我其实是希望母亲能早日得到解脱，因为这对我们大家同样也是解脱。正因为我有这种想法，所以仁慈的上帝用焦虑症来惩罚我。"

治疗师："您最近一次发病是什么时候？"

患者："今天早晨。当时我刚和父亲因为母亲的病吵完架。"

治疗师："那时您在哪儿？"

患者："在厨房里。"

治疗师："好的。那么现在请设想一下，您这会儿在厨房里。那儿看上去是什么样子的？"

患者想了一会儿："这儿是门，那儿是窗户。这里是一张桌子，旁边摆着四把椅子。"

治疗师："您当时在哪？"

患者："我当时站在冰箱旁，想拿点儿东西喝。"

治疗师："当时还有谁在场？或者厨房里还有些什么？"

患者："我哥哥也在，他坐在桌旁读报纸。"

治疗师："您现在站在冰箱旁。这儿是门，那儿是窗，您的身后坐着您的哥哥，他正在读报纸。几分钟之前，您与父亲争吵过。您不能忍受母亲受到蒙骗，希望她能早日解脱。这会儿您感觉如何？"

患者："很糟糕。"

治疗师："您具体的感觉是什么？请将注意力集中到您的身体上。"

患者："背又开始疼了。"

治疗师："究竟是哪儿疼，请您指一下。"

患者指着腰的右部："就是这儿痛。"

治疗师："请把注意力集中到那儿。它是怎么个疼法？"

患者："就好像有人用拳头在朝那儿顶。"

治疗师："您现在感觉是什么样的？"

患者："我很害怕，我担心在这儿又发作一次。"

治疗师：“您设想一下，假如现在真的发作了，情况是什么样的？”

患者：“首先背开始疼，我就知道自己的病又要发作了，接着我就干脆等着它彻底发作，等它自己缓和。”

治疗师：“我觉得，有时候您好像希望病情发作似的。”

患者：“确实如此，这样就好像是我因为不好的想法而受到惩罚。比如，我期待母亲早日解脱，或者想瞒着妻子和别的女人发生关系。”

治疗师：“您现在觉得怎么样？”

患者：“我很想在您这儿发作一次，好让您看看它是什么样的。”

治疗师：“您现在想象一下自己的病正在发作。”

患者：“头部先开始抽搐，接着身体变得僵硬，我必须赶紧随便抓紧个东西，这样才不会摔倒。”

他将两腿分开，紧贴着墙壁。

治疗师：“您要是摔倒了会怎么样？您摔倒过吗？”

患者：“摔倒过，在工作的时候。”

治疗师：“当时严重吗？您受伤了吗？”

患者：“没有。同事们当时很担心，很快就把医生叫来了，医生没能诊断出什么。其实最糟糕的是，我当时觉得很尴尬。”

治疗师：“原来对您来说，最可怕的是丢面子。”

患者：“如果有别人在场，我会迅速跑开。我不想让别人看到我可怜的样子。”

治疗师：“您当时离开厨房，也是因为不想您哥哥目睹您的病情发作吗？”

患者：“是的。我立刻把自己关进厕所，等着病情好转。”

治疗师：“如果您在这儿发作了，也会藏起来不见我吗？”

患者：“我还是会有点难为情。不过您了解我的一切，我对您是完全信赖的。”

治疗师：“可您今天在生我的气。”

患者：“是的，因为您不让我吃药，让我就这么待着。”

治疗师：“您因为没有吃药而感觉更坏了吗？”

患者：“事实上并没有，但我必须得找个办法来克服焦虑。”

治疗师：“我是担心您一时半会儿还摆脱不了焦虑感。为了克服焦虑您已经尝试了很多办法，但都没有效果，看来它的存在是有必要的。如果焦虑彻底消除了，您想做什么？”

患者的眼睛亮了起来："我会像从前那样出门、工作、买一辆红色的敞篷轿车在市区兜风。我会再次向人们展示自己：这就是我。我还会继续体育锻炼，重新获得女性们好奇的眼光。我会去旅行，和我的家人、朋友一起。"

治疗师："您现在感觉怎么样？"

患者："挺好的。"

治疗师："还疼吗？"

患者："还有一点，但很轻。"

治疗师："您对生活有着无尽的渴望和向往。如果您能做到这些，那就会冲破所有的界限。"

患者："是啊，可对于我的目标来说，生活太短暂了。"

治疗师："这只是一方面。另一方面，与所有人一样，您是一个有焦虑感的人。在过去的一个小时里，您告诉我，您在童年时就已经有了恐惧感，当您面对困难的状况时，总是您的哥哥在替您处理。如今您已成年、结婚，是一个可以自力更生的男子汉了，然而您还是焦虑，或许当您不再害怕时，会变得放荡不羁。"

患者："有这种可能，以前我常常拈花惹草，甚至婚后也是如此。后来我总有负罪感，我不能对我的妻子做出这样的事情，她对我是一心一意的。而且，如果我父母知道的话也会对我失望的。”

治疗师：“我认为，您的焦虑在很大程度上与您的家庭有关。您能把您的父母、兄弟和妻子带来吗？”

患者：“我母亲很虚弱，父亲和兄弟根本不相信心理治疗。他们说男人必须独自解决自己的问题。我的妻子倒是说过她愿意陪我来，她确实很替我担心。”

在观察阶段，患者的症状被放到一个与之有联系的场景中进行观察。通过了解整体情况，患者和问题之间产生了距离。当他意识到自己的个性和优点时，他看问题的方法才会变得相对合理。

在我们的例子中，治疗师能够挖掘出人们恐慌的背后隐藏着坚定的生活意志，从而为成功克服焦虑奠定了很好的基础。另外，焦虑本身也有积极的一面，它能够防止患者破坏家庭关系结构。

▶ 小结

重要的是，治疗师不停地询问患者感觉怎么样。这样，焦虑或抑郁情绪不仅明显可见，而且详细具体。患者也能比较容易地与治疗师交流他的不适。此外，患者完全相信治疗师了解他发生的变化，当确定其为身上的不适时，焦虑也就没那么可怕了。治疗师感同身受，他们会冷静沉着地询问患者身体上产生的不适，这能让患者明白，焦虑不危险，它是完全正常的，是允许存在的。这点同样适用抑郁情绪。

第二阶段
正确理解内心和身体的联系

一个人的聪明体现在他的问题上，

并非体现在他的回答里。

——东方的谚语

本书的第一阶段已经说明，焦虑和抑郁通常并不只有一个决定性因素，而是很多因素共同作用。在这一阶段，我们要对现实生活状况进行仔细观察。记录是对现实生活状况、生活经历和未来前景的一次彻底的清点。

有焦虑和抑郁感的人常常感到晕头转向，思维也是混乱不堪的。因此，进行清点需要一个系统的方法，以便将多个信息归纳整理。了解一个人的生活情况，知晓他的过去，是理解别人及其心理困惑的前提，对自己来说亦是如此。

▶ 处理冲突的四个领域

根据生活整体性的原则，要想了解患者完整的生活现实，既要了解存在问题、冲突和痛苦的领域，也要了解那些运作良好的领域。如果您想全面了解自己或他人的现实生活状况，那么就需要重视以下四个生活领域：

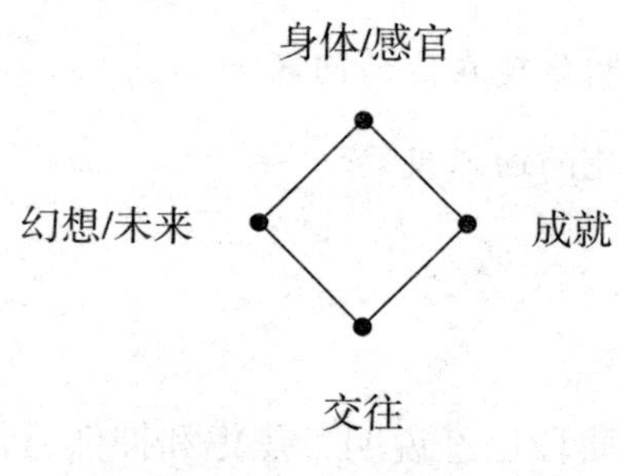

图3　四个生活领域

通过对身体、成就、交往和幻想这四个方面的观察，可以提出以下问题：

- 您身体的症状也取决于心理因素吗？心理疾病有身体方面的原因吗？
- 日常生活的影响有多大？疾病的严重程度不但要根据患者的身体状况来衡量，精神状态也是衡量标准之一（可在四个领域中看出）。

- 哪个领域中发生了冲突？
- 哪个领域花费了过度的精力和时间？比如如果一个人全天与伴侣在一起，那么这个领域发生冲突的概率就比较高。
- 哪些领域被忽视了？原因可能是对此领域的经验不足，或者表现为本可以避免的焦虑感和冲突。
- 那些亏空领域的发展潜力体现在哪儿？
- 过于强调某一领域是为了逃避其他领域存在的问题吗？如果是，那么是什么得到了平衡？

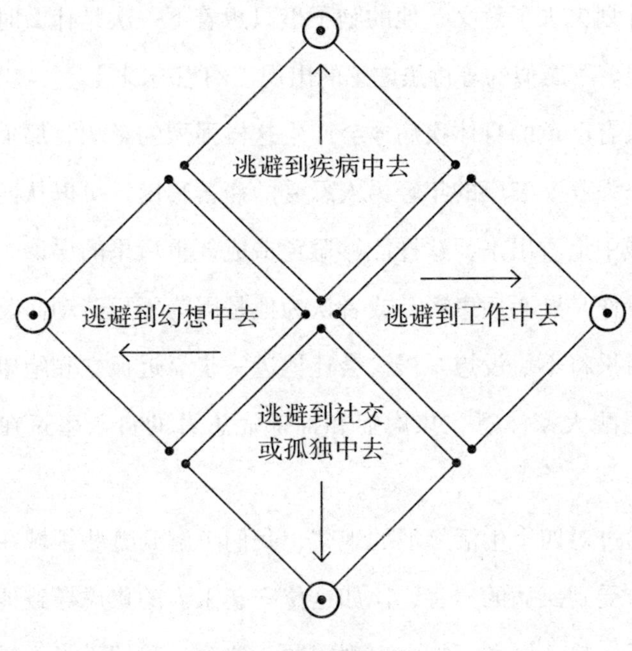

图4　四种逃避反应

积极心理治疗的一个目标就是将精力较为平均地分配给身体、成就、交往和幻想这四个方面。认识精力分配的片面性，并努力克服，是我们实现身心平衡的前提。下面的例子可以看出精力在四个生活领域中的应用情况。

上文提到的安装工人因焦虑放弃了体育锻炼（身体）；因为害怕性交时病情发作，所以他与妻子的亲热次数降低到一年中只有几次（交往）；因为担心上班时摔倒会被同事们笑话，所以他辞去了工作，还疏远了朋友们（成就、交往）；所有的未来计划失去了意义，他的脑子里只想着下一次是什么时候发作，他着了魔似的等待焦虑感的出现（幻想/未来）。

只有严重的身体疾病才会产生这样强烈的影响。那个外表看起来强壮又健康的年轻男人忍受的痛苦程度，可以从四个生活领域中上看出来，这样能够避免造成严重后果的误诊。如果把他看作是疑心病患者，或者认为他是因为不想劳动而装病，那么后果将不堪设想。误诊会让他进一步靠近孤立和绝望。此处应提醒大家注意，焦虑症和抑郁症患者的自杀率正在逐年上升。

通过对四个生活领域的观察，我们了解到哪些领域在多大程度上受到疾病的侵害，比如这位安装工人的焦虑导致他不敢与妻子亲热，婚姻可能会出现问题。这时，我们不得不提出这样一个问题：焦虑是否有可能源自婚姻问题？也许因果关系是颠倒的。究竟什么是原因，什么是结果？或者焦虑和婚姻问题相互制约、相互催化？在每一个病例中，猜想受到疾病侵袭的领域出现异常是十分合理的。如果事实是这样的话，那么生病的意义就在于避开这个领域，从而避开冲突。

为了回答有关这些潜在的问题，我们必须对四个生活领域进行更详细的分析。

身体方面的问题：

- 您承受着身体上的哪些痛苦？
- 医生对这些疼痛做过解释吗？
- 您是否被确诊过一种可能导致抑郁与恐惧的疾病？
- 您的健康状况在以下时期有过变化吗？

  青春期

  第一次月经

  妊娠期间或妊娠期之后

  生育后

  更年期中或更年期后
- 有其他家庭成员得过焦虑症和抑郁症吗？
- 您身体有残疾吗？

- 您抽什么烟？喝什么饮料？摄入量是多少？您是否大量饮用咖啡或红茶？您吃糖多吗？
- 您注意营养均衡吗？
- 您有足够的时间吃饭、锻炼和休息吗？
- 您有以下的功能紊乱症吗？

  月经不规律或经期前、中、后有疼痛感

  血液循环障碍（手脚冰凉、两眼发黑、有晕眩感）

  心律不齐、心悸

  颈椎僵硬和颈椎活动受阻

  消化不良（肠胃胀气、便秘、腹泻）
- 您有睡眠障碍、焦虑、注意力不能集中或乏力症状吗？
- 面对生气、紧张、时间紧迫、冲突、忧虑、批评和巨大喜悦，您的身体一般会有什么反应？
- 您喜欢您的身体吗？
- 您需要较多的温情或性生活吗？
- 您与伴侣的感情生活和谐吗？
- 亲密和性在父母之间起什么作用，对您本人又有什么样的意义？

成就方面的问题：

- 您对您的工作满意吗？
- 您的工作能给您带来足够的安全感、收入和肯定吗？
- 你每天/每周工作几小时？
- 您感觉自我要求过高吗？您害怕失败吗？
- 您与同事、上司相处融洽吗？
- 如果您被批评了，您会有什么样的反应？
- 您无所事事时也感觉良好吗？
- 您愿意从事哪种职业？
- 以前，您在什么情况下能得到父母的赞赏和关爱？

交往方面的问题：

- 您对您的伴侣关系满意吗？如果不满意，是因为什么？
- 如果您病了，感到十分害怕或者情绪低落，您的伴侣会怎么做？您能受到父母似的关怀吗？或者您觉得伴侣不理解您的问题？
- 您和您的伴侣谁更爱交际？
- 您和您的伴侣、家人、朋友分别度过多长时间？
- 您与父母的关系如何？
- 有没有那么一个人，您能对他说出一切，即便是最隐秘的问题？

- 您小时候接触的人多吗？或者您当时比较孤僻？
- 您感到社会关系和义务对您的要求过高吗？您在意别人对您的看法或者议论吗？您缺乏交际和情感上的温暖吗？
- 您觉得哪些人难以交往？
- 您觉得您交往的人必须符合哪些标准？

幻想和未来方面的问题：

- 您经常思考什么问题？比如您的身体、性幻想、职业、伴侣、家庭、过去、未来等。
- 您想过死亡吗？
- 您想过自己死后会是什么样吗？
- 您会经常问自己，生活有什么意义吗？
- 您父母的世界观和宗教信仰是什么？
- 活着和追求健康的意义何在？
- 在今后五年内，您想实现或改变什么？最迫切需要什么？
- 如果您不再感到焦虑和抑郁，您会做什么？
- 您最想要实现的愿望是什么？即使它无法实现。

▶ 借助现实能力描述内容

用很多文字来表达不多的思想，

这无论在哪儿都是平庸的可靠标志。

——德国哲学家亚瑟·叔本华

现在，我们知道了哪些生活领域会受到疾病、外来压力、关系冲突或内心矛盾的影响。接下来要讨论，冲突是如何产生的。当我们被迫面对与想象不符、有悖于正确认识的现实时，便会产生冲突。我们认为，自己在教育中以及迄今为止在生活中学到的东西是正确的。我们学到的东西叫作能力。

如果另外一个人学到的能力与我们所拥有的截然不同，那么我们会觉得他的观点和行为是错误的，或者至少是陌生的。他人对我们的感觉也是如此。

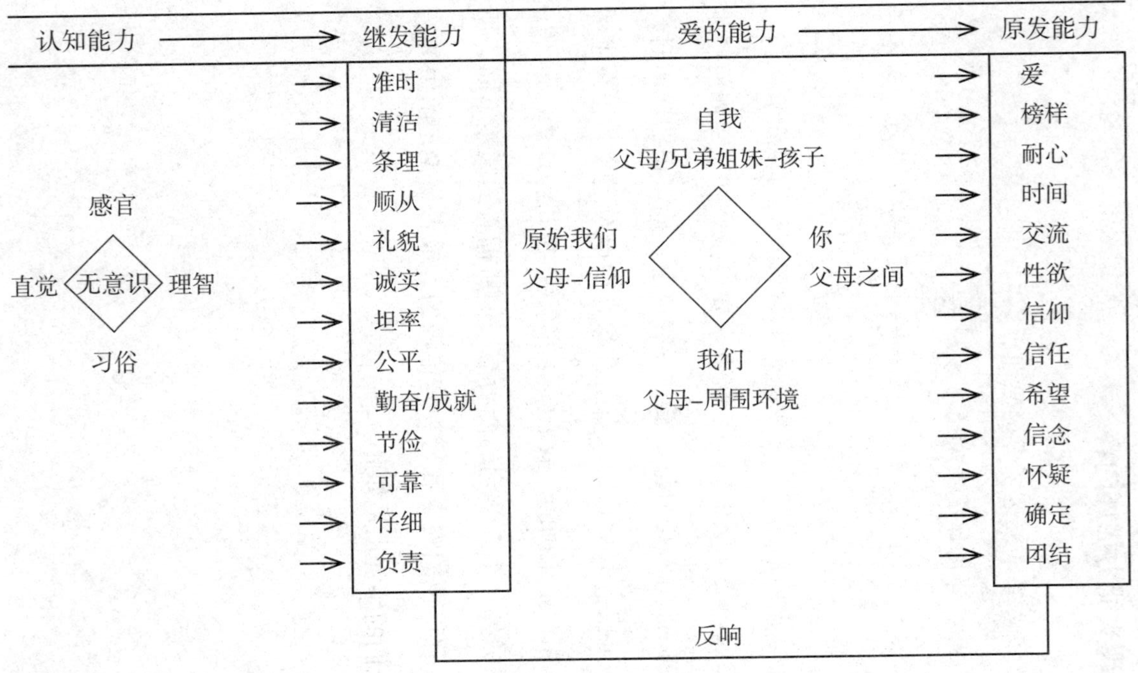

图5　差异分析表　现实能力–基础能力

我们可以使用原发能力和继发能力描述人与人之间的冲突，因为人们把这些能力作为个人装备用于每一种关系。家庭出身越是不同，能力的差别也就越大。每个家庭都有着各自的原则和价值标准，从根本上说，就是有着各自的文化。因此，冲突和误解往往发生在原发能力和继发能力上，比如两个不同的人对准时和整齐的理解完全不一样。这种情况往往会发展成无数个不愉快的琐事，我们称之为微小精神创伤。它们越积越多，越来越顽固，从而释放出强烈的情感冲动，还会破坏各种关系，引发焦虑、抑郁等心身疾病。

让我们再来看一看那位安装工人，父母虽然给予了他很多温暖，但他的家庭忽视了坦率和诚实，更重视礼节与和谐。与他不同，他的妻子出自一个重视勤奋、成就和节俭的家庭。妻子的父母认为温情是浪费时间，关于性的话题也是一个禁忌，所以妻子很难以同等的程度回应丈夫对于亲密的需求。另外，她作为主任秘书，对工作非常投入，经常加班也让她感到很疲惫。她对丈夫的失业没有给予足够的理解，反而责怪他没有为家庭的经济收入做出足够的努力。责备和拒绝亲密接触让丈夫深受伤害，这种伤害又进一步动摇了他不堪一击的自我价值感。于是，他在另一个女人那里寻求性欲的满足和自我价值，与这位女性秘密交往了几个月。然而，不忠在他保守的天主教家庭中被视为天大的罪恶，所以负罪感始终折磨着他。他认为上帝是在用焦虑症惩罚他的不忠。除此之外，他总是担心这段不正当的关系会败露：“我的妻子会立即把我扫出门，我也将无颜面对我的父母。”

这个例子说明，父母作为榜样和父母灌输的思想对冲突的产生有多大的影响。只有在极少数的情况下，冲突的产生是因为人性中的恶意。每个人只是按照他所学到的那样行事，用所学知识或观点作为自己为人处世的支撑。

▶ 四种榜样范畴

没有人能靠自己认识到内心的最深处；

因为自己的标准不是把自己量得过小，就是量得过大；

一个人只能从另一个人身上了解自己；

只有生活会告诉每一个人他真正的样子。

——德国作家约翰·沃尔夫冈·冯·歌德

除了与生俱来的天性，我们的生活和行为主要受到父母示范的影响。如果父母能够对小孩的性格培养给予足够的时间、耐心和重视，那么就能培养他们对人和世界的原始信任；如果父母对孩子缺少耐心和重视，那么孩子在自信心养成和对世界产生信任上就存在障碍。孩子在任何方面都是以父母为榜样，将父母视为自己的行为准则。如果父母的婚姻充满爱、温情、理解和尊重，那么孩子在处理自己各方面的关系时就能有一个正面的榜样；如果父母的性格开放、好交际、好客，那么他们的孩子也会容易与别人交往；如果父母虔诚地信仰上帝，比起那些注重物质利益的父母的孩子，这些孩子会更容易信仰宗教，从中感受生活的意义。

然而，父母也可能令孩子不满意，或者产生反感。孩子可能会认为父母的形象不佳或者不诚实，最终导致子女逆其道而行，终其一生都在摆脱父母的影子。下面区分一下父母作为榜样的四个方面：

自我：

- 您与父母的关系如何？
- 父母是您的榜样吗？如果是，是哪些方面的？如果不是，为什么？
- 请描述一下您在童年时期眼中的父母是什么样的。
- 在您小的时候，父母有足够的时间和您相处吗？如果没有，为什么？

- 您曾经对父母有足够的耐心吗？如果没有，为什么？
- 您觉得您讨父母的喜欢吗？
- 您的父母对您有具体的人生成长要求吗？
- 您与兄弟姐妹的关系如何？
- 您在家里曾经扮演什么角色，或者是什么地位？
- 父母曾经最喜爱哪个孩子？
- 小时候您觉得和谁在一起感觉最舒服？您欣赏这些人的哪些方面？
- 您还是孩子时，认为什么是不公正的？
- 您的家庭重视什么？比如整齐、准时、清洁、勤奋、成就、可靠、诚实、礼貌、体谅、节俭、忠诚、爱、交际、温情、耐心、信任、希望、美学、理智等。
- 您的家庭不重视什么？
- 您的生活有哪些特点？与别人有什么区别？
- 哪些事件对您的生活产生了决定性的影响？

你：

- 您父母以前和现在的婚姻，都是什么样子的？
- 您父母当中谁说了算？
- 您父母的婚姻是理智型还是爱情型？

- 您的父母会在孩子面前故意表现得没有冲突吗？
- 您父母如何解决相互间的意见分歧？比如通过争吵、暴力、中肯的交谈、相互不尊重等。
- 父母会用“我们没有矛盾”这句话来掩饰他们的冲突吗？

我们：

- 您父母当中谁更爱交际？
- 您父母常有客人到家做客吗？
- 您会参与到父母的交际圈中吗？
- 您曾是父母交际圈活动中的中心人物吗？
- 您的父母热衷社会或政治活动吗？
- 您的父母出于什么原因进行交际？比如商业目的、义务或娱乐等。
- 您父母出于什么原因回避社交？

原始我们：

- 您父母当中，谁对宗教或者世界观问题的兴趣多一些？
- 您父母信奉哪种宗教和哲学？
- 在世界观方面的问题上，您父母的观点是一致的吗？

- 您的父母会跟您讨论有关死后的生活、生存的意义或道德方面的问题吗?
- 您父母的生活目标是什么?您自己的生活目标是什么?
- 您的父母过去是什么样的人,悲观还是乐观?现在呢?

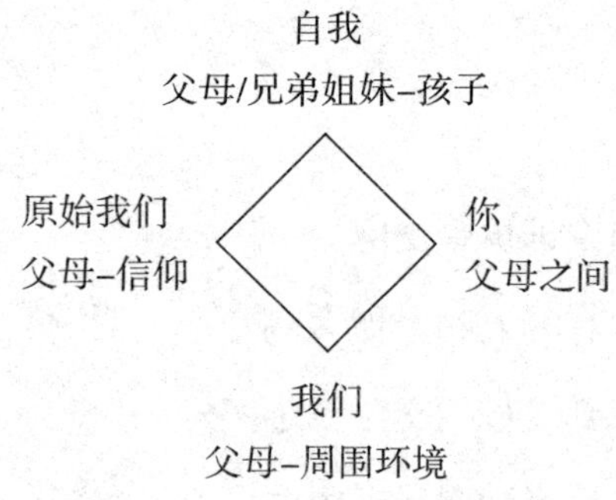

图6　四种榜样范畴

那位年轻的安装工人曾经也得到过父母的宠爱,父母在他身上给予了足够的时间、耐心和关爱。所以,父母也期望他能成为一个乖巧听话的好孩子。父母双方从来不会公开解决矛盾,他们认为:“我们之间一切正常。”他们会各自处理好自己的问题。

安装工人从父母那儿学到了他们的过度礼貌和不诚实。他曾经扮演着乖儿子的角色,将一切可能令父母不快的事情都隐藏起来。怕父母为他操心，他在上学时甚至伪造考试成绩。他赋予自己一个新的自我，心理学家称之为虚假的自我。他给自己改了名字，因为他觉得自己原来的名字很羞耻。每周六，他都会去一家声名狼藉的夜店，在那儿勾搭了很多少女，但他也会在每周日和父母一起去教堂礼拜。

在婚姻生活中，他也有两面，一方面，他是个正派温柔的丈夫，另一方面，他又长期保持着婚外恋情。“当我与妻子亲热时，脑子里总想着别的女人，她们不像妻子这样保守。我总是感到良心不安，因为我的妻子所做的一切都是为了我。”

他认识很多人，“主要都是在夜生活中认识的”。他也承认，“我没有一个真正的朋友让我能跟他谈论一切，包括我的恐慌。”他与妻子在交际方面唯一共同参与的就是走访亲戚。“但是，这变成了对我的折磨。因为我必须向他们隐瞒我的焦虑症和失业。”

他的父母是严格的天主教徒，重视宗教的形式和礼仪。“我小时候与父母一起做过祈祷，可是那些祷告对我来说，和空有形式的公式一样，我听不懂，也理解不了。对我来说，上帝洞察一切，只要我做了坏事，他就会惩罚我。对我的父母来说，最重要的事情是在外人的眼里，我们是一个正派的家庭。”

▶ 对生活产生影响的重大事件

人们在生活中最难越过的那些山，

总是由细小的沙粒堆积而成的。

——德国剧作家弗里德里希·黑贝尔

焦虑症或抑郁症的开始、恶化或好转，往往在时间上与生活中经历的事件联系紧密。心理学的专业术语“生活事件”指的是我们生活中发生的重大事件。这些生活中的事件可能是某种疾病的原因、导火索或伴发症状，也可能是最后的结果。在每一个病例中，生活中的重大事件涉及的都是对患者有重要意义的问题，而这些问题还存在争议，没有得到解决。

下面的问题说明了它们之间的关系：

- 焦虑和抑郁症状第一次出现是在什么时候？
- 在时间上，它们是否和以下事件发生的时间一致？

  青春期

  妊娠期，生育

  更年期

  入学

  离开父母，独自生活

  上学，接受培训，进入大学

开始工作，岗位变动

破产，负债

失业，退休

恋爱，同居

失望，受伤，失败，分离

结婚，生子

失去亲人

建造房屋，搬迁

自己或亲属患重病

- 您在近十年内遇到了哪些事情？请至少说出十个。
- 迄今为止，您从疾病中学到了什么？

那位安装工人的焦虑症在入职不久后第一次发作。而后，父母又希望他结婚，在自己的住处组建一个家庭。当时的他为了让父母开心便与现在的妻子订婚，但同时，他还与别的女生交往，而这些女生对他订婚的事情一无所知。后来他的焦虑症经常发作，因为他的女友们总打电话威胁要揭穿他的行为，他再也不能继续逃避对工作和未婚妻应尽的责任。患上焦虑症之后，他感觉自己十分虚弱，最终选择了结婚，“因为我的妻子给了我安全感，而且我也不能让父母失望”。

第三阶段
我们的行为是可以改变的

想到达源头，就必须逆流而上。

——日本的谚语

在这期间，您已经知道了许多关于焦虑和抑郁的内容，包括它们产生的条件、原因和意义。结合生活经历从而理解自身的焦虑和抑郁后，心情会比较放松，因为人们不再觉得自己是异常的。理解焦虑的人更容易接受它，但是，焦虑带来的症状并不会因为得到理解而消失不见，人们依旧不能得到解脱。

在长年累月的心理分析之后，有些患者几乎成为了了解自己心理的专家，但是，他们的病情没有丝毫好转。要想成功掌控焦虑症和抑郁症，意味着要毫不妥协地面对充满焦虑的生活。与焦虑的对峙永远是一场艰苦的训练，这要求患者要有坚强的意志和永久的恒心。对治疗师有信心并无条件信任他们，这有益于患者熬过心理治疗最艰难的阶段。

如果您已下定决心着手处理您的问题，那么，我们将为您和您的治疗师提供一系列有益的策略和技巧。下面将为您介绍一些经过实践证明行之有效的方法。

▶ 把您的焦虑设想到最糟糕

请做好最坏的打算，当事实没有那么糟糕时，您可别失望。

如果您像那位安装工人一样担心自己会摔倒，那么请您问问自己：假如我真的摔倒了会怎么样？曾经发生过这样的事吗？那名安装工人曾经在同事们的眼皮底下昏倒过一次，这造成了什么糟糕的后果吗？他受伤了吗？没有，他从来没有因为焦虑症发作、感到晕眩而受伤。那么，请您想想在自己身上最可能发生的恐怖事件是什么？那名安装工人自己认为，最可怕的是想象自己丢脸，特别是成为同事们眼中弱不禁风的人。但是治疗师通过深入的询问发现他的焦虑远不止这些。其实，在他内心深处害怕的是死亡，这常常是导致人们身患焦虑症的真实原因，这种焦虑最致命的地方就是对死亡的恐惧是完全正常的。其实死亡总会到来，我们的生命在任何时候都有可能结束。

再进一步思考，如果您死了会怎么样？您死后将会面临什么？是天堂还是地狱，舒适还是折磨？对于很多人来说，光是想到死亡就已经难以忍受，比如那名安装工人因为治疗师的询问而感到愤怒。安装工人不情愿地描述自己的想象：他会下地狱或者进炼狱，会因为自己的罪孽遭到无法想象的折磨。其他的患者想象自己被活埋、会在冰冷的土里挨冻或者坠入无止境的黑洞；也有人认为死后是轻松而安静的；还有人期待去世后可以见到自己死去的亲人。

对很多人而言，恐惧的不是死亡本身，而是死亡的过程。他们孤零零地躺在一间冷冰冰的急诊病房或者一家疗养院里。那位安装工人最不能接受自己很早就会死，因为他还没有享尽生活中所有的美好事物。因此，他的注意力重新转移到了自己的生活、众多目标以及愿望上。他突然认识到，他的焦虑症实际上早已让自己的生活失去了意义。他愤怒地从沙发上跳起来喊道："我要活着，我要工作，我要爱我的妻子，我要有自己的孩子，我要与家人、朋友庆祝和旅行。"

▶ 确定目标

无法变通的计划是一个不好的计划。

——古罗马作家普布里乌斯·西鲁斯

观察一下身体/感官、成就、交往和幻想/未来这四个方面。

- 哪一方面最迫切需要有所变化？
- 哪些因素不利于这种变化？存在实际的危险吗？
- 思考您的动机，为什么做出改变如此重要？
- 您能想象，假如您达到了这一目标会发生什么？在您想象达到目标的情景时，请动用您所有的器官。

那位安装工人想象自己开着一辆红色敞篷轿车，自由地穿梭在家乡城市的大街上，漂亮的女人不禁回头看他。他感到迎面而来的风在抚摸他的头，听见强劲的发动机发出的鸣响和立体声音箱播放出的音乐，他脸上的表情严肃而满意："我又回来了。我再也不必隐藏自己了，所有人都应该关注我。"

▶ 您的动机是矛盾的

先行其言，而后从之。

——孔子

做事的动机是希望能有所成。任务越艰巨，成果就越吸引人。然而，任务越是艰巨，您就越害怕失败。过多的焦虑会麻痹动机，所以您不应该把目标定得过高，而是做一些切实可行的分期小目标。制定一个计划表，确认哪些事情应该先做，哪些事情可以稍后再解决，接着在日程表里填上在什么时候应该做什么事。计划表能够帮助您将不安的情绪和纷乱的想法梳理清楚。通过这种方式，您能清楚地知道，您可以或者您应该做哪些事，之后您再决定是否去做。

▶ 我应该从什么时候开始?

不要把时间用在寻找障碍上，障碍也许并不存在。

——奥地利作家弗兰茨·卡夫卡

您是那种会把一切不想做的工作推到明天的人吗？您可能

会用这种策略来帮助自己克服焦虑和抑郁，希望焦虑和抑郁能够自行好转，当然这是徒劳的。您有没有想过，不高兴让您损失了多少时间和精力？

为自己寻求帮助和解决问题的最佳时刻，就是现在。

请您不要紧张。您完全有权利像现在这样，一如既往不改变自己的行为。有些人活到了100岁，可生活一直都不幸。所以不管您生活得悲伤还是充实，这个世界始终无动于衷，它还是照常发展。

▶ 一个好消息和一个坏消息

吵吵闹闹增进感情。

——谚语

先说坏消息，如果您真的想改变生活中的一些东西，那您肯定要费一些力，没准还可能因为害怕而尿裤子。然而，只有这样，您才能坦然面对一切。不要抱有幻想。既然您真的想要做出改变，那么肯定会产生一种特别不适应的感觉。不要有不劳而获的想法，天下没有免费的午餐。即使是治疗师，他也不能，更不会替您解决问题。在达成目标之前，您必须自己努力，做好自己的工作。

好消息是您的焦虑并不具有绝对的危险性。即使身体上的不适感迷惑了您，让您觉得它是危险的，但其实您比想象中要勇敢得多。想一想自己已经克服了多少次焦虑，重获新生，再想想自己战胜焦虑之后的那种奇妙感觉。虽然与自己的焦虑感对峙令人十分不安，但这并非是不健康的。相反的，健康可能会要求人们直面自己的焦虑。您可以有目的地寻找会给您带来焦虑感的场合，体验一下您的身体如何陷入激动状态，又如何回归平静。您可能会筋疲力尽，但这和紧张的体育活动相比，不会让人更疲惫。

▶ 以自己现有的能力做基础

> 最重要的不是用脑袋撞墙，
> 而是用眼睛找门。
>
> ——德国发明家维尔纳·冯·西门子

每个人都会回顾自己的成功与失败。您回想一下那些因获得成功而骄傲的瞬间，或者那些您觉得幸福和满意的日子。您想象回到那个地方，试着回忆所有的人，还有一些次要的细节。那时您看见、听见、感觉到、闻到或者品尝到了什么？请记住您为什么高兴，哪些外在情况有利于那时的成功，有人支持您吗，是什么阻碍您做跟从前一样的事，您怎样才能创造出类似有利的外在条件，现在还有哪些人能帮助您。

安装工人："我15岁时是个胖子。在学校里会被同学嘲笑，经常羞愧得无地自容。不知道什么时候开始，我对这一切厌恶透了。于是，我跟着哥哥一起去了健身房，我着了魔一样地努力锻炼，也戒掉了所有甜食。两年之后，我的身材发生了很大的变化。同学们突然开始尊重我，我变得十分强壮，也无须再忍受任何人的欺辱。别人不仅欣赏我，而且羡慕我，因为我的外貌吸引了很多女生的注意。"

治疗师："如果有些事情对您确实重要，您就会意志坚定地努力实现它，而且坚持不懈，但现在的处境对您来说也是很大的负担。那么您想最先改变什么呢？"

安装工人："我已经去了好几个工作单位。在一次面试的时候，我的焦虑症发作了两次，真是太倒霉了。但是我告诉自己：保持冷静，你没事。我努力让自己保持正常，继续往下说。另外，我又在一家健身房报了名。如果我的病在那儿发作也太恐怖了。"

治疗师："如果病情真的在那儿发作了，您怎么办？"

安装工人："也许我会去厕所，直到病情过去，或者干脆继续锻炼。"

▶ 为自己寻找同盟者

分担的痛苦是减半的痛苦，分享的快乐是加倍的快乐。

——德国谚语

我们已经说过，单凭您自己一个人的力量，根本不可能从焦虑和抑郁的牢狱中逃脱。所以如果除了治疗师之外，还有朋友会为您的进步而由衷地感到高兴就更好了。还有一些人，他们曾为自身的焦虑或抑郁找到了解决办法，这些人也会给予您最大的理解和支持。

但是，焦虑感恰恰是在与别人的交往中或者在缺乏自信和自我倾诉的时候出现。所以，如果新的关系能在治疗的保护下开展会比较好，因为并不是每个人都适合倾听别人的烦恼。有些人本身就有很多被压抑的焦虑感，他们必须保护自己，避免遭受世界施加给他们的压力；另一些人则会像饿虎扑食般扑向您的焦虑和抑郁。这些人根本不可能耐心地听您讲述问题，他们只是想借此摆脱隐藏在自己心中或者潜意识中的困惑。所以说，自己的亲人或伴侣虽然是很可贵的支持力量，但他们常常卷入这个疑难的问题中。在这种情况下，明智的做法是将患者亲近的人也加入治疗中。

关注一下和您保持规律联系的那些人，他们应该对您产生积极的影响。如果他们平时的情绪一直比较消极，对一切事物都很不满，或者经常伤害您的自我价值感，您最好避免与他们接触。如果您非常在乎他们，最好带他们去进行心理治疗。

如果您想要和一个人倾诉心事，但他无法理解您的痛苦，您不要立刻就感觉失望和沮丧。您要记得，别人也有他们的焦虑。还有一些人，如果他们对您的问题表现出了极大的兴趣，您也应该倾听他们的焦虑。认识、了解别人的焦虑和消极情绪也是一件好事。

在接受治疗的同时，接触自助组织对患者的帮助也是很大的。自助组织中，有经验的患者会帮助那些对自己的问题仍然不知所措的人。

▶ 停止思考，与自己沟通，转移注意力

可信度低的人会说很多话。

——东方的谚语

焦虑的重要组成部分是把一切都灾难化，在紧要关头终止这种想法极其重要。别说您在焦虑的时候不会思考，不会追根究底。事实恰好相反。终止这种想法只需要您下定决心，意志坚定。问题是，我们十分习惯，并认为人确实需要思考，把它当作抵御危险的保护伞，而它也确实在某些正常的情况下保护过我们。可是，当我们正要克服一种已成为障碍的焦虑感时，这种克服的想法本身就变成了一种危险。这时您别无他法，只能在感到焦虑的时刻果断命令自己："够了。"然后，您告诉自己："我很激动，但不会出什么事、我很健康、我要达到我的目标、我能办到、我比我的焦虑强大。"另一种策略是分散自己的注意力，首先它能够克服乘坐交通工具时的焦虑感，比如您可以读报纸、聊天或解字谜。

▶ 放松

不会冷静处理自己想法的人就不应该卷入激烈的争吵之中。

——德国哲学家弗里德里希·尼采

一般情况下，焦虑和抑郁的出现伴随着植物神经系统的紊乱和体内激素的失衡。早在还不了解精神分析学和下意识冲突的古希腊罗马时期，人们就知道用沉思冥想的方法改善体内的植物性失衡和情感失衡问题。

自我沉思和自我反省这种最古老的形式是祈祷和宗教仪式。对于今天不再信仰宗教的大多数人来说，他们有更现代化的放松途径，如自体放松运动或循环循序渐进的肌肉松弛法。这些方法应该在焦虑症和抑郁症的治疗范围中得到推广。下面描写的这段放松练习的过程就是很好的例子，该过程需要在治疗师的引导下进行。

治疗师："现在，请您保持一个让自己觉得舒服的姿势。请注意，双腿不要叠起，牙齿不要上下咬紧，您可以任意更换姿势。练习期间，如果您感到有任何不适，请立即告诉我。

"现在请您闭上双眼，和其他人一样，您也具备彻底放松自己的能力，能否成功在很大程度上取决于您是否有兴趣。如果您不愿意，也没有什么关系。

“现在，请认真倾听，深入感受自己的内心，感受您的身体，观察您身上正在发生的一切。做这个练习时，您不必，也不需要完成任何特殊的事情，只要让一切事物自然地发生。您感觉到的一切是事物顺其自然的发展。只有这样，这一切才是正确的。

“在刚开始时，您可能会感到不适。现在，请把注意力转向内部。您的身体摸上去感觉如何？哪部分感觉舒服，哪部分不舒服？身体的什么部位感觉最清楚？请将注意力集中在这一范围。试着仔细体会抚摸身体的这一范围的感觉。再将注意力集中在这种感觉上，即使它可能让您不舒服。这是种什么感觉？请您试着详细描述出来。”

患者：“我不知道手该放哪儿，我感觉它们好像在颤抖。”

治疗师：“您的感觉很细致，很好。手颤抖是很正常的情况。现在，请把注意力集中在您的手上，清楚地感受手部的颤抖，发挥您的想象力，想象一下您的手部是怎样颤抖的，您的手在发抖，让它们抖得再明显些吧。您越是清楚地感到双手的颤抖，就越能更好地放松自己。现在，请您做深呼吸。当您深深地吸气、呼气时，继续将注意力集中在双手上。随着深呼吸的进行，您会变得越来越轻松。同时，继续注意您的双手和双手的颤抖。不用管双手是否还在继续颤抖，这无所谓，因为这种颤抖只会让您越发轻松。

“请再次注意一下您的姿势，务必要使自己感觉舒服。必要时，请调整您的坐姿。好了，现在继续。

“现在，也许您感到身体的某些细胞已经得到了较好的放松，还有一些部位正在放松。一切都很正常。

“继续放松自己。现在缓缓地吸入空气，但不急着呼出，这种放松会更深入，更清楚。对许多人而言，能体验吸气和呼气的不同是一种很舒服的感觉。比如，感受吸气时的柔和和清凉，呼气时的沉重和炙热。

“平静而均匀地呼吸。平静而均匀。进一步放松、保持绝对的平静、彻底放松。

“您可能感觉愉快或惬意，或轻缓，或剧烈。这种感觉随着每一次的呼吸而越发强烈。直到最后，这种感觉就像一股强劲的气流，倾注在整个体内。

“完全放松。让您身体的每一块肌肉都放松。感受一下，脚部的肌肉是怎样放松的，腿部的肌肉又是怎样放松的。放松您的臀部、腹部、胸部、后背。完全放松。手指、双手、胳膊、颈部、肩部。完全放松。

“放松您身体的每一块肌肉。让头脑保持清醒，甚至要比以往更清醒。但是身体感觉到疲劳和放松、疲劳和放松、完全放松、彻底放松、再放松、彻彻底底地放松。

“和您感到放松一样，整个身体也越来越感觉舒服，非常轻缓或非常剧烈。至于究竟是轻缓还是剧烈，已经不再重要，反正是在放松后获得的一种愉快、舒适和惬意的感觉。

“您可以任由这种感觉掠过全身，或者让它托起您，让自己再潜入进去一点，或者浮上来后飘在上面。就让自己最喜欢的感觉出现。整个身体已经完全放松了。很好。

“在您适应了身体的平静状态时，精神状态也同样得到了放松。这时，您不再像以前那样，容易感觉精神上的各种负担。您不会再让压力或者负担靠近您。

“精神状态很稳定，非常平静。您感觉自己的状态越来越好。您会继续带着愉快的心情放松自己，会感觉松弛，还能听见我的声音。接着放松、再放松，可能会有点儿累、有点儿困。

“我马上会从20数到1。在我往下数时，您会感到自己还能更深入，去沉浸在这种恍恍惚惚的和谐状态之中。您早已在步骤的行进中慢慢地熟悉了这种状态，而它也将随着每一个数字越来越深入。

“20……完全放松……19……彻底放松……18……继续放松……17……再放松……16……注意听数字……15……快到了……14……向内……13……关注自身……12……保持平静……11……彻底放松……10……感觉很好……9……所有的干扰都需要缓和……8……让一切任其发生……7……到什么程度了……6……它们可能还会再来……5……在您的昏睡状态中……4……我的声音陪伴您到任何地方……3……您马上能……2……能体验到更多……1……彻底放松……在一个舒适、惬意的恍惚状态中。

“现在，可以将您心中的视野扩大，延伸到任何地方，以便将一切都看得清楚。您的路会很通畅，通向自己的路，或是除自己以外的路。我的声音会陪伴着您。您内心深处痊愈的力量，找到了空间和方向，将带领您摆脱阻碍，免遭反抗力量的攻击。”

这种放松练习的优点在于，它可能会让身体的不适表现出来。在这里，并非是将身体上的不适作为一种干扰因素去努力压抑，而是将其作为注意力集中和意识集中的焦点。越是频繁、越是有规律地进行放松练习，越能更快、也更容易学会平静、学会休息。进行有规律的放松是针对不安、焦虑情绪、忧愁以及精力衰竭状态的有效防范措施。

▶ 呼吸

呼吸与人们的内心联系紧密，特别是与焦虑情绪之间的关系。比如人们在内心受到较大的波动时会感觉透不过气，害怕会让人们不自主地屏住呼吸。不论如何，人们必须将自己的怒气发泄出来，对其压抑会表现为特殊的叹息式呼吸。有些小孩在受到惊吓，或者愿望遭到拒绝时会长时间停止呼吸，直到脸色发青，有时甚至失去知觉。

然而，心理的紧张和焦虑有时也会导致换气过度，由于害怕窒息而导致的剧烈呼吸，可能会造成患者手部痉挛抽搐成爪状。除此之外，还会引发与呼吸有关的心身疾病，如支气管性哮喘（伴随着呼吸困难的恐慌感）和神经性的咳嗽（在这种情况下，患者拒绝按别人的要求做事）。

除了与情感的密切联系之外，呼吸的另一个特点在于它是凭借意志直接影响的唯一植物性机能。因此我们可以把治疗的顺序从“内心→呼吸”转变为“呼吸→内心”。也就是说，通过有意识地正确呼吸来有针对性地影响我们自身的内心状态。

▶ 练习指导

您可以舒服地站着或躺着。如果您想坐着，那得坐直，不要挤着腹部和隔膜。将皮带松开，解开裤子或裙子的纽扣，以便腹部在做最大限度的深吸气时能活动得开。尽量伸长四肢，同时捏紧拳头，或者让手指和脚趾使劲分开，双臂和双腿也尽情舒展。您能感觉因伸展带来的舒服的轻微疼痛吗?

请您闭上双眼，集中精神呼吸。先由鼻腔尽可能深地吸进一口气，注意，在吸气的同时，首先将腹部向前隆起，然后扩展您的胸腔，将气吸入至肩部以下，感觉一下肩部在最后是怎样颤抖的。屏住呼吸大概三秒钟，感觉一下体内的紧张，然后慢慢呼气。呼气时先尽可能地把腹部收紧，且腹部不要有疼痛产生。接着慢慢垂下双肩，收缩胸腔。用三秒钟感受一下整个呼气过程，将这个过程重复三次。

现在您可以自由呼吸了，让您的身体也再次自由呼吸。试着不要影响呼吸的节奏，感受一下空气怎样经过鼻腔、咽喉和颈部往下流向支气管；感受一下吸气时的清凉和柔和，呼气时的温暖和沉重；感受一下在吸气时您的肋骨如何张开，在呼气时又怎样自然地回到静止状态。

开始时，您可能会觉得您的呼吸很不均匀：呼吸暂停、时快时慢、时深时浅、打哈欠、叹气、有喘息声和呼哧声、喉咙发痒、想咳嗽、打嗝、吸鼻涕、打喷嚏等。让这一切都顺其自然地发生，不要压抑任何东西，只要注意观察它们是如何发生的。但是，仍然要将注意力集中在您的呼吸，脑袋里胡思乱想也没有什么问题，只是当您注意到这一点的时候，请重新回到呼吸状态。

请您每天用5到10分钟的时间来做这个练习，每天两次。不要强迫自己进入放松状态，因为很有可能适得其反，给自己带来压力。放松是自然而然发生的事情，请您耐心一点。开始的时候，能熟悉自己的呼吸就已经足够了。

呼吸练习可以很好地与观察内心活动相结合。当一种身体感知（比如胸部的压迫感）让人极其不舒服，或者感到危险，那么您应该注意这种感觉，深入其中体会它。这种感觉给您造成了什么样的影响？让您产生了怎样的情绪？紧接着花10分钟，边呼吸边感受，看一看发生了什么。一般情况下，您会渐渐趋向平静。

您也可以睁着眼睛做这个练习。只要时间和空间允许，您其实可以尽可能多地做这项练习，哪怕只有半分钟的时间，比如在乘坐公共交通工具的时候、在短暂的工作休息时间、在厕所里、在电梯里或者在等红绿灯时。经常性的练习能让您更有意识地感知自己的身体，从而提高自我意识。当焦虑感袭上心头，您可以借助这个练习深入体会身体的焦虑症状，最终使自己平静下来。

▶ 心理药方

如果学会了放松自己，不管是通过自体放松运动、循序渐进的肌肉放松，还是呼吸法，您都能获得心理治疗的妙方。当您进入放松状态时，发挥您的想象力，想象一下危机的积极面："我的抑郁情绪其实是压力得到缓解的表现。当我感到沮丧时，我会抛掉所有的责任、紧张，甚至是自己。我总想成为最出色的人，想将所有的事情都做到最好，而抑郁情绪与我的这种心理需求恰好形成一种制衡。"心理药方也可能是一个故事或一句格言，它们能够恰如其分地说明您的问题。

一位22岁的女大学生，患有抑郁症和饮食失调。她说："一方面，我非常不自信，总是要向父母和朋友请教；另一方面，如果父母干涉我的生活，总拿我当一个小女孩看待，我又很生气。在治疗中我明白了，父母的做法是我造成的，因为我总是一筹莫展地寻求他们的帮助。'众口难调'这个故事给我很大的启发，我明白我应该将生活掌握在自己的手中。"

众口难调

父亲和儿子带着一头驴，在烈日炎炎的中午走在喀斯汗遍地灰尘的街道上。儿子牵着驴，父亲骑在上面。一个路人感叹道："可怜的孩子，这么小就得跟上驴的速度，大人怎么忍心看着小孩子受累，而自己却骑驴呢？"父亲听见这话，心里很不是滋味儿，便在下一个路口从驴背上下来，把儿子扶了上去。还没走多远，就听见另外一个路人的声音："真不像话，那个小家伙骑在驴上，而他可怜的老父亲却得在旁边跟着。"这话触动了孩子的心，于是他请求父亲重新骑到驴背上去，坐在自己的身后。一位蒙着面纱的女人尖叫道："天哪，怎么会有这样的事情？这样折磨它。看看那可怜的驴，背都被压弯了。那一老一小两个废物像国王一样坐在上面休息。唉，可怜的驴啊。"受到责骂的父子俩沉默地互相望了望，双双从驴背上下来了。两人紧挨着驴，还没走几步，又有一个陌生人取笑他们："我可不想跟你们一样蠢。你们俩为什么牵着这头驴呢，它什么活也不干，也不能给你们带来什么好处，连骑一下都不行吗？"

父亲抓起一把草塞进驴嘴，把手放在儿子的肩头，说道："不管我们做什么，总会有人不满意。我们只要做我们认为正确的事情就好了。”

▶ 自相矛盾的技巧

有时候，改变一种观点比继续坚持需要付出更多的勇气。

——德国剧作家弗里德里希·黑贝尔

我们所做的一切都是为了避免或降低引发焦虑的可能性，这一点似乎很符合人类的天性。那位安装工人因为担心自己当众摔倒而出丑，那么他回避公开社交的行为就很好理解了。没有需求就不会焦虑，所以焦虑总是暗含了强烈的需求。安装工人对于公众场合的焦虑也预示着他内心具有强烈的自我表现欲望，只是害怕出丑这一担忧让他退缩。害怕出丑是可以被理解的，在公开场合自我展示的人必然要承担失败或者被嘲笑的风险。安装工人如果想要再次回到公众面前展示自己，那么他必须正视出丑可能带来的风险，除此之外，别无他法。

我们可以利用自相矛盾法，即自找出丑。这种与目的相悖的方法把最初对焦虑的回避变为一种认命向前冲的决心：“现在，我想在众人面前真正出一次丑。如果我真的昏倒又有什么关系呢？大家应该看到我是一个什么样的人。”

▶ 幽默和自嘲

有些人之所以在每份汤中都能找到一根头发，只是因为当他们面对一份汤时不住地摇头，直到一根头发落入汤中。

——德国剧作家弗里德里希·黑贝尔

采用与目的相矛盾的方法需要恰当的幽默和自嘲。取笑自己不是贬低、嘲笑自己，自暴自弃。能够自嘲更多地是指人们意识到自己的弱点，并接受其为自己独特性格的组成部分。幽默是一种十分诙谐而亲切的方法，可以用来应付生活中不可避免的愚蠢行为和不顺心的事件。自嘲的人会暂时从以自我为中心（将自己作为整个宇宙的中心）的视野中走出来，学会从外部观察自己，能够在生活的悲剧中发觉诙谐的一面。

▶ 放弃过高的要求

过多为小事发脾气的人看不到大事的存在。

——法国古典作家拉罗什富科

我们再审视一下身体、成就、交往和幻想这四个方面。您在哪些领域感到有负担和矛盾？

我们假设，您是一名竞技运动员。为了迎接一场即将到来的比赛，您必须超负荷训练，但您在训练中得了膝关节炎。运动保健医生告诉您，必须让膝部休息，否则就只能靠注射肾上腺皮质素来帮助膝部恢复健康，但这有感染的风险。我们继续假设，您在工作单位已经处于一个较高的职位，但这个职位显然意味着要花费更多的时间在工作上，您还要与您的竞争对手们展开激烈的竞争。除此之外，您还经常和您的伴侣因为孩子的教育问题和生活计划发生冲突：您的伴侣想过一种平静安逸的生活，但您想继续留在大城市，做出一番事业。这一切都让您感到筋疲力尽。您在晚上已经不能正常入睡，需要依靠大量的酒精麻痹自己，借酒消愁。您也知道这不是解决问题的办法，但除此之外，您不知该如何是好。

即便如此，还是要先为自己寻求帮助，最好是专业的。不要让自己单枪匹马苦苦挣扎，结果于事无补，浪费您本身并不富裕的时间和精力，可时间和精力又是如此珍贵。

还有一个问题，您能否将这四个方面的矛盾区分开。您一定要在四方前线同时战斗吗？您不能暂时先将部分冲突搁置一旁，集中精力对付主要矛盾吗？比如您可以取消参赛，先将膝盖治好。既然事业上的成功对您来说尤为重要，那么您可以做出决定：将所有的精力都集中在事业上。您想争取更好的职位就要继续奋斗，但是您可以解决一些后顾之忧。您可以把孩子的教育问题暂时交给另一半，将全家未来在何处定居的问题推迟到以后再说。

这一切做法听起来很理智，也很简单。但是放弃过高的要求其实在实际中要困难得多，因为当人们把精力放在某一个重要问题上的时候，势必要放弃其他的一些东西。但是，有谁会愿意放弃自己的梦想呢？谁不想获得别人的认可、不想具备一定的影响力、不想获得权力；也没有人生来就要抛掉责任、放弃某种紧张刺激感。但是，如果不放弃，问题就无法解决，所以在疾病迫使您放弃之前，您还是主动放弃吧。

▶ 保持良好的身体状态

生理和心理之间相互紧密联系才能有效预防焦虑和抑郁情绪，因为人们注意到了身体的健康机能。下面这些建议可以作为对您的指导：

- 避免所有有损您长期健康的东西，比如酒精、尼古丁和药品（按医嘱服用的除外）等。
- 过度工作、过度体育锻炼、过度饮食或过度日光浴，过度的东西对您都是有害的。只有保持适度才是心理达到平衡重要的基本条件之一，但这也是最难做到的。

- 吃纯天然食品：主要吃植物性的纯天然食品，比如蔬菜、土豆、沙拉、全麦食品、奶制品、水果，不吃糖和所有甜食。糖类食品会导致体内缺乏维生素和矿物质；肠菌丛受到损伤，促进了真菌的繁殖；血糖含量也会十分不稳，从而影响脑功能。长此以往，血管和神经都会受到损伤。可通过适当摄取水果、干枣、无花果和果仁来代替糖。
- 保证体内B族维生素、镁和锌的充足。这些维生素和矿物质能够促进和稳定神经功能。
- 调节生活日程。注意保持充足的睡眠，有足够的时间吃饭，有时间和重要的人在一起，有足够的业余时间休闲和休息。
- 进行规律且适当的体育运动，最好是训练耐力的运动项目，如长跑、骑自行车或游泳。
- 您的脉搏每分钟跳动的次数不应超过180减去年龄的差。您可以每星期锻炼2到3次，每次30到60分钟。不必勉强自己，体育运动应该带来乐趣，只有这样您的身体才能获得最大的好处。

对于身体机能紊乱，比如消化系统、睡眠、血液循环或激素系统的失调，自然疗法可以达到令人满意的效果，比如运用克耐普疗法。脊柱和背部肌肉组织的僵硬和痉挛症状均可用物理疗法、按摩和医疗体操治愈。在治疗抑郁症的过程中，除药物治疗外，光线疗法和免除睡眠疗法也能取得良好的效果。光线疗法主要在冬季使用，这段时期，视网膜接收的光线较少。患季节性（冬季）抑郁症的患者应该朝着一个光谱与日光相符的强烈光源看上几小时，这一疗法经科学试验确认有效，而且绝对无害。别忘了，您对身体所做的一切最终对心理平衡也有好处。

▶ 治疗焦虑和抑郁的药物

在此和彼之间还有一些小径。

——德国作家约瑟夫·维克多·冯·舍费尔

患者和医生彼此之间充满信任的关系才是治疗焦虑和抑郁最好的药物，但精神类药物只适用心理性的焦虑症和心因性抑郁症。由于神经机能症引起的焦虑症和抑郁症非常顽固，患者常常有自杀倾向，所以医生应该提早考虑使用抗抑郁药物和镇静剂。如果在6到8个星期的心理治疗之后，患者的痛苦仍然没有得到缓解，就可以考虑使用下面列出的药物。这些精神类药物不会给心理治疗造成障碍，相反，它们能够让治疗师接触到患者内心深处的焦虑。只有这样，患者才愿意与治疗师毫无芥蒂地交谈，接受治疗师给出的治疗建议。

体质上的弱点和不足也可用药物来弥补。天生易怒、敏感和冲动会发展到很严重的地步，仅靠关注、交谈和调理有序的生活远不能使这些症状减轻到可以忍受的程度。在这种情形下，精神类药物是真正的救命神药。在下面的表格中我们列举了各种可治疗焦虑症和抑郁症的精神类药物。

有效物质 （商品名称）	适用于	见效	副作用	上瘾的 风险	日剂量
镇静剂 例如：Tafil, Rivotril,Valium	恐慌症 普遍性焦虑症	快	少	存在	最多6mg 最多10mg
血清素抑制剂 Fevarin, Fluctin, Seroxat	（心因性的） 抑郁症 恐慌症 强迫症	慢	少	不大	100~300mg
可逆性胃酸抑制剂 Aurorix	（心因性的） 抑郁症 恐慌症 社会焦虑症	慢	少	不大	450~900mg

续表

有效物质（商品名称）	适用于	见效	副作用	上瘾的风险	日剂量
三环抗抑郁药 例如：Anafranil, Saroten, Tofranil	（心因性的） 抑郁症 恐慌症 强迫症	慢	多 高剂量会导致死亡 注意：自杀	不大	75~300mg
β–受体阻滞剂 例如：Dociton	颤抖、高血压、心律不齐	快	少	不大	20~120mg

使用抗抑郁药物时必须足量，且至少服用四个星期以上，否则这些药就不能发挥潜在的疗效。由于镇静剂见效迅速，所以在治疗的初始阶段，镇静剂可与抗抑郁药物结合使用。但是，由于镇静剂会让人上瘾，所以在4到8个星期的治疗之后应停止使用。

服用抗抑郁药物会带来很多副作用，其中大部分副作用会让人感觉备受折磨，实际上却没有危险，比如口干、便秘、看小字时感到吃力、发汗、小便困难、发抖、恶心、血液循环有问题、心跳加快、体重增加、性欲或性功能受到影响、疲惫或者焦虑等，这些让人极其不适的症状一般会自行消退。

由于抗抑郁药物的起效较慢且药效持久，所以在服用药物后，患者在出行和工作场所中需注意安全。另外，服用一种抗抑郁药后，患者的心理和身体有了明显的好转时，不应该立即停止服药，即使不适症状已经消失。为了预防复发，建议患者继续服药6到8个月，但剂量可逐渐减至开始时的一半，具体情况需听从治疗师的意见。

▶ 训练自信

人们必须知道自己可以退至何处。

——德国作家恩斯特·荣格尔

您认识那种全身都散发着令人艳羡的自信的人吗？在您的朋友圈子里找找看，谁比较自信，他是如何生活的。您会发现，自信的人不论是面对工作，还是面对生活都很积极。您也许会说，有这样健康的自信心，积极参加各种活动当然没什么困难。但是，您是否想过，真实情况可能与您想象的恰好相反，这种积极的自信心也许正是参加各种活动带来的结果。

很少有人生来就具备自信心。一般来说，自信是每天都要重新获得的。在获得增强自信的成功、赞赏、满足和幸福的爱情之前必须经过一番努力。不要指望某一天您的自信会凭空增强。问一下自己：假如我是一个自信的人，我会做什么，然后您可以就着手去做，比如邀请朋友、拜访朋友、加入一个运动或者找一份更喜欢的工作。您要知道，开始这一切的最佳时机，就是现在。

▶ 从受害者到作案人：您的焦虑感是自己造成的

你能否改造别人，这没有把握，但有一个人，你肯定能改造，那就是你自己。

——苏格兰哲学家托马斯·卡莱尔

当您从本书中得知，您的焦虑和抑郁其实是由自己造成的，您大概不会太开心。当然，这些症状也不是您故意引起的。您理所当然会对来自外界的影响做出反应。但是，您做出什么样的反应，其实取决于您的身体，也就是您自己。这并不是指责，“您要自己为您的不幸买单”。您不仅是受害者，还是困境的制造者，这其实也是您的幸运。如果您只是受害者，那么这本书和所有心理治疗的努力都是毫无意义的。幸运的是，您自己可以对您如今的状况产生很大的影响。只要您真的愿意，那么获得改变的希望是很大的，前提是您愿意承担起对生活的责任。

即使您自初出生起就受到歧视，遭受不公平的待遇，可是如今您已经长大成人，没有人能够再替您做主了。如果您愿意暂时将沉重的负担与治疗师或者其他人分担，对您而言将是十分有益的。

▶ 放弃绝对安全的幻想

如果你说的是自己喜欢的事，那么，也要听一听自己不喜欢的事。

——古希腊诗人阿尔凯奥斯

焦虑其实是要求绝对的安全，抑郁是对绝对安全的存疑产生的绝望。我们的生活挂在一根丝线上，唯一能肯定的就是死亡。许多人试图否认这一痛苦的事实，他们把所有希望都寄托在国家提供的保全手段上，寄希望于现代医学，签订无数项保险合约，终其一生都在拼命积累财富，仿佛财富可以帮助他们摆脱人生的厄运。但其实我们寻找的安全感并不会从外部世界中获得，既不在别人身上，也不在客观事物当中。我们只能在自己身上、在希望中、在确信生活服从一个更高的秩序以及在去世之后找到安全感。

▶ 给治疗师和抑郁症患者的建议

仅仅就事论事是不够的，

还必须面对面地与人交谈。

——波兰诗人斯坦尼斯拉夫·莱克

治疗要把握好适度原则，不能让抑郁症患者处于压力之下，这一点在治疗抑郁症的急性阶段是极为重要的。但是，患者应该在恰当的时机重新学习如何承担起自己的责任。因为抑郁症患者不知所措，无所适从，所以周围人才会给他过多的建议，但这些建议经常是一些相互矛盾的劝告。

患者需要周围人给予他同理心，这一点是毫无疑问的。但是，当这些人也陷入沮丧情绪时，患者就不能再指望得到帮助了。在治疗中会出现一种奇怪的现象，不是治疗师在开导患者，而是患者让治疗师肯定自己的观点。这告诫我们，同情并不意味着要无条件接受患者的所有想法。

抑郁症患者隔绝了自己与周围人和周围事物之间的联系，而这些周围人和周围事物却是能为他带来快乐的。他试图捍卫这种想法，认为自己身边发生的一切不过都是对无意义、毫无公正、绝望以及罪孽深重的证实。

患者一直固执地坚持自己的观点，越来越深信不疑，慢慢发展为颠倒事实。假如人们的脑子里尽是这些复杂的想法，那么就只有消极的观点会愈发根深蒂固，持续证实抑郁的想法。

为了应对这种情况，我们可以让患者接受相反的思维。比如针对“瓶子是半空的”这种悲观想法提出“瓶子是半满的”乐观想法。这样，患者既不会受到打击，也不会感到负担。周围人可以将他们对事物的看法清楚明白地公之于众，而这些看法对患者来说也许是他们意想不到的。与普通的建议不同的是，这种另一个视角的想法不包含责任，不施加压力，而是给对方适应的时间。通过这种方法，周围人也会更有耐心，这一点在他们与患者的相处中必不可少。

第四阶段
我们都需要有效交流

立场本身并不重要，重要的是人们怎样维护它。

——德国作家特奥多尔·冯塔纳

每个人生来就具备感知焦虑和情绪低落的能力，人们从孩子身上就能观察到。孩子不受教育的影响，害怕、情绪恶劣和好哭的程度各不相同。这种天生的胆怯以后是否会发展成焦虑症或抑郁症，主要取决于父母如何对待孩子的天性。

一般情况下，孩子的焦虑和抑郁并非由父母本身造成，而是由父母的教育方式决定。他们的教育方式影响着子女今后克服焦虑感和抑郁情绪的方法。如果父母能够用足够的时间和耐心去关心孩子的需求和困惑，那么孩子很快会平静下来，重新信任这个世界，也能再次拥有自信。但是，如果父母本人与自己所扮演的家长角色发生冲突，又被工作或者其他的事情或爱好占据了很多时间，那么留给孩子的关注和理解就只能少之又少，这种情况很容易伤害孩子，孩子会感到不安或羞愧，这时通常会出现一种状况，即孩子会独自陷入自己的困惑之中。

在这些情况下，如果没有祖父母或者“替补父母”代替履行父母应负的责任，那么孩子与别人自由而坦率交谈的能力就得不到充分的发展，只能独自默默承受他的失意、强烈的不满、焦虑或悲伤情绪，这可能导致孩子生病或者产生一些行为障碍。在成年之后，与其他正常人相比，孩子更容易过上一种离群索居的生活，他会习惯性地将自己真实的情感隐藏起来，或者总是对伴侣寄予过高的期望，希望对方能弥补他童年时期留下的所有缺憾。

父母对孩子的过多呵护和宠爱也是有害处的，这会让孩子逐渐失去面对挑战的能力，而这个世界上有许许多多充满焦虑的挑战。此外，它还限制了孩子独立意识的发展，就连以后脱离父母也变得更加困难。

往更长远说，一个人的社会行为很大程度上受到父母榜样的影响。如果父母之间关心不足，很少交流，经常发生误解，有激烈的争吵，或者有暴力冲突，这些都会影响到其子女今后的婚姻生活。父母与朋友、同事、协会、宗教团体、政党、外国人以及其他人或事物之间的关系同样也是孩子效仿的对象。

父母若是不爱交际，那么孩子与陌生人交流、相互理解或者结交朋友的机会就会比较少，很容易对社交感到回避、焦虑，甚至形成偏见。在与别人的交流中容易产生误解，在清楚表达自己的意思或观点方面也有困难。我们把出现在情侣关系、家庭或社会中的误解称作微小精神创伤，它们让人不安、制造焦虑，并妨碍人与人之间的交往。在焦虑和抑郁状态下，人们之间的交流和人际关系受其影响，形成障碍，形成问题。而言语表达这一阶段的目的在于重新建立受到干扰的语言和身体语言的交流。

当两个或两个以上的人在一起交谈时，如果每个人都坦诚地表达自己的意见和愿望，其余的人都表示理解，且没有任何人受到伤害或感到不安，那么这场谈话便是成功的。为了达到这个目标，治疗师和患者以及患者今后和其他人相处时应该遵循一些基本的规则，患者和治疗师的每次见面也应该经过三个阶段：密切关系、辨别和脱离。

▶ 密切关系

理解的力量经常远远高于理智的力量。

——奥地利作家玛丽·埃布纳·埃申巴赫

治疗师在治疗初期最重要的工作是仔细倾听、理解患者。治疗师和患者的每次碰面都应以密切关系开始。在这个治疗层次上，治疗师需要发挥由爱的能力引发的第一现实能力，主要是时间、耐心、诚实、关心、设身处地地理解、希望以及信任。单单是这种态度其实就已经起到了治疗和镇定的作用，再加上治疗师本人作为患者唯一可以倾诉的对象，效果就会更理想。

治疗师的积极态度体现在他不仅认同，而且欣赏患者掌握生活的方式，为此，治疗师需要做出极其积极的、发自内心的真诚的解释。本书着眼焦虑和抑郁的积极面，所以患者、治疗师和亲属都应该从中获得足够的关于积极的解释和启发。

积极对待棘手的治疗情况

患焦虑症和抑郁症的患者在治疗中经常表现得极其幼稚，或者待人极其坦诚、亲密。他们会频繁地拜访医生，在他们面前没完没了地抱怨，由此延长与医生的接触时间，这可能会引起医生的不耐烦和恼怒，我们称这类患者属于原始—幼稚型。这些人往往缺乏生活经验，或在原发能力和情感能力的领域中受到过多的呵护。积极的解释可解开这个由交际需求和遭到拒绝构成的恶性循环，比如治疗师可以对他说，“我觉得您是一个需要很多交流、爱和理解的人”。以真诚和同情窥探到隐藏在抱怨和痛苦之下的问题，患者也就不会再纠结自己的症状，而是较为坦率地接受治疗师提出的其他可能性。

另一类患者与这种原始—幼稚型的患者正好相反，他们对所有的治疗手段都抱有疑虑，凡事都要弄个明白，他们希望掌握所有与自己的病情有关、可以用得上的专业资料，碰到的每个问题要向多位医生或者治疗师咨询。这类人的病症需要医生的继发能力，比如理智、认真和条理，我们称这一类人为关注过细。这类人由于童年时代的情感缺失才会如此发展，他们没有安全感，需要情感抚慰，只不过这一切都隐藏在不受假象影响的外表之下。对他们这一费力行为可做出积极的解释：“您有能力把握自己的命运，也能对自己负责。那么是在什么时候，您对治疗师或他人的信任开始动摇了呢？”以这种方式穿过假象的外壳，打开患者封锁的情感闸门。

如果治疗师能够冷静地倾听患者的现实痛苦和迫切的问

题，那么这个以小时为单位的密切关系阶段就已经取得了成效。通常情况下，现实问题的压力会在心理治疗的过程中逐渐减小，但有些患者不断提出新困惑和烦恼来拖延治疗时间，他们这样做会妨碍治疗进入下一个阶段。即便如此，这一行为也依然有积极的解释，比如治疗师可以说："我觉得您在这儿感觉不错。有时我想，您也许根本不想康复。因为如果那样，我们就不会像现在这样频繁地见面了。"

在与他人的日常交往中，为了让交谈双方之间形成联系，应遵守以下规则：

- 仔细倾听，让别人把话说完。
- 试着正确理解别人表达的意思。
- 如果您感到不确定，再问一下对方。
- 用自己的语言重复一遍别人的话。
- 即使您不同意别人的意见，或者他的这些话让您感到不高兴，您还是应该先说一些积极的意见。做到这一点很不容易，但是经过多次尝试，它会让您在与别人交谈的过程中获益匪浅。

下面是一些回答示范，评论者首先强调自己对对方观点的认同，并给予他较高的评价，从而表明交谈双方站在同一阵线，之后再表达自己与对方的分歧。

- 我很赞同你，也认可你的观点。但是有一点我还没有听懂。接下来你可以客观阐明自己的观点。
- 我很高兴我们能够再一次交流。我希望我们达成一致。
- 我很佩服你能如此全情投入地表达你的观点，与你讨论真的非常有趣。
- 你知道我很震惊你在事业上取得的成就，也能理解你常常不在家的原因。但是你能不能理解，我想你在周末陪我几小时？
- 我们在很多问题上已经达成一致了，但是如果在这个问题上找不出双方都能接受的解决方案，那不是太可笑了吗？

疾病也可以积极解释：

- 我能感觉到，您在面对生活中的问题时投入的情感是非常强烈的，这种情感深度肯定也能使您深刻体会到生活中的愉快和爱。那么，您能回忆起生活中那些极其幸福的时刻吗？（隐匿性抑郁症患者）
- 我可以想象，您的焦虑让生活饱受痛苦和折磨。同时您的焦虑中也包含着一种能力，让您不对安全抱有幻想。

我们可以一起尝试弄清楚，到底是哪些危险因素在威胁着您的内心。

- 您处于一种神经性衰竭状态，但这也许能保护您不再继续承受过重的压力。
- 迄今为止，在酒精的帮助下，您成功解决了自己的烦恼，没有依靠任何外人的帮助。那么，您是在哪里学会独自克服一切困难呢?
- 您说自己性欲冷淡，这不太好听，我更愿意称其为一种能力，一种会用身体说“不”的能力。

患者在面对疾病时经常表现出某些惊人的品质，因而有了以下积极解释：

- 我真的很佩服您，竟然勇敢地忍受这一切如此之久。（患慢性多发关节炎的患者）
- 令人惊讶的不是您生病，而是面对这么多的压力，您还独自承担了这么久。您一定是个生来就勇敢坚强的人。（三个孩子的母亲，职业女性，还得照料自己的母亲，处于精疲力竭的抑郁状态）
- 您怎么能如此面面俱到，在面对诸多不公平时还能不发火。（患神经性皮炎的女患者）

- 我佩服您的意志力和自我控制力。（消瘦病女患者）
- 只有当人们把宝石从托座中取出时，才能认识到它的价值。

不能只是机械性地做出积极解释，而是应该发自治疗师的内心。如果治疗师本人根本无法接受这种积极的观点，那么，他给出的积极解释也是不恰当的。除此之外，也可以用非语言的方式表示密切关系：

- 用握手和友好的微笑表示欢迎。
- 为对方提供舒适的座位。（坐在谈话伙伴的斜对面会显得更亲切些，面对面坐着则显得对立）
- 为对方递上饮品，与对方共同进餐。
- 不要一开始就谈论有争议的话题，而是稍稍谈一些无关紧要的事情。更好的做法是先谈一些过渡性的话题，再切入正题。
- 关系进一步熟悉以后，可以进行身体上的接触，比如拉手、拥抱、抚摸等。

▶ 辨别

说了A的人不一定要说B。他也可能认识到A是错误的。

——德国戏剧家贝尔托·布莱希特

如果在亲密关系阶段成功营造出一种信任、尊重的氛围，患者感觉自己被接受、被理解，那么，对于患者或者交谈伙伴来说，这种情景无疑是讨论新问题或谈论叫人难堪的感觉的绝佳时机。辨别阶段是医生或治疗师工作的核心部分。在这个治疗阶段，治疗师要详细询问患者迄今为止的生活计划、对问题的看法，同时要对患者的情绪反应做出解释，尤其是要解释患者在治疗现场的态度和行为。

这个阶段的目标是情感和认知上的学习。新观点和尚不熟悉的人际关系的体验应该为治疗营造良好氛围，也为患者改变生活方式打下意识基础。

现实性原则适用辨别阶段。医生必须让患者发挥其最低限度的承受能力、耐力、经受挫折的能力和与焦虑、悲伤做斗争的能力。除了原发现实能力之外，还涉及某些继发能力，如服从、可靠、诚实和理智。一些不愿或因为性格缺陷对此不能接受的患者则不适合上述的处理方法。

治疗关系的典范

每个患者都会把影响私人关系的内心愿望、期待、偏见、焦虑和误解带入治疗情境中，这是可以理解的。即使在很多时候这种带入是无意识的，但还是会导致在治疗过程中，患者与治疗师的交流中出现了类似患者与其他人之间的问题。

这对患者来说是一个好机会，他终于可以认真看待自己的人际关系问题。如今，这些问题在患者与治疗师的接触中具体而清楚地表现出来，这位治疗师学习过如何忍受这些问题，而且他拥有理解问题的方法，和与患者共同寻找解决方法的全部医疗设备。所以在治疗中最重要的是，患者和治疗师找到友好相处的方法。当两人之间出现信任和令人满意的气氛后，患者通常会感觉好转。以后，患者可以把从治疗师那里获得的经验和从治疗中学到的互相理解的新方法运用到其他人际交往中。

一座屋顶花园，两个世界

在一个夏日的夜晚，有一家人睡在屋顶花园里。母亲嫉妒地看着讨厌的儿媳和儿子紧紧地挨在一起睡觉，她无法忍受这一幕，所以走过去喊醒了儿子和儿媳，对他们说：“这么热的天怎么能睡在一起呢？这实在是太不健康了。”

在花园的另一角睡着的是她的女儿和对她倍加尊敬的女婿。女儿和女婿两人之间至少有一步的距离。母亲很亲切地唤醒两个人，对他们低语说："我亲爱的孩子，这么冷的天怎么能分开睡呢？你们怎么不相互拥抱取暖呢？"

儿媳听到这些话，直直地坐起身来，用很大的声音祈祷似的说："万能的上帝啊，一个屋顶花园，竟有两种完全不同的气候。"

感染和对应的感染

与其他所有的关系一样，现实能力也会对患者与治疗师之间的关系产生影响：心理社会的规范、原则和期望。比如，患者期待的是时间、耐心和能力，治疗师期待的则是准时、勤奋和可靠。患者的情感和期望对治疗师的感染及治疗师对应的感染，取决他们与之前对象之间的榜样关系。

因此，在对心理治疗师的培训工作中，明确要求治疗师必须具备广泛的自我经验，以便治疗师能够意识到自己的想法、榜样、发生冲突的领域和自身的不足之处。之后，他们才能流畅地感知在治疗过程中的整个情感历程，也可以和患者一起探讨。

通过治疗师和患者之间相互的情感传递，多个治疗阶段的治疗工作可以有效开展。在与患者的交往过程中，治疗师要注意所有异常，比如患者迟到，出现疲惫或无精打采的状态，长时间的沉默，总在治疗时间结束时才提出很迫切的问题等。

治疗师："连同今天这次，您已迟到三次了，还有两次您临时取消了见面。您对于今天迟到的感觉如何？"

患者（21岁，大学生）："不太好。我也知道这是不对的，我的朋友们也抱怨我不准时。"

治疗师："您认为，我在等您的时候，我是什么感觉？"

患者："我想您可能有些生气了。"

治疗师："也许您就是想惹我生气或者考验我？"

患者："原本不是的。"

治疗师："您这样说的意思还是想让我生气。"

患者："可以这么说吧。我想看看您有什么反应，我觉得这挺有意思的。"

治疗师："那么我应该如何反应呢？"

患者："容忍我的所有行为其实是不好的。但如果您给我施压的话又会出现相反的结果。"

治疗师："这就涉及服从的问题了，您在这方面遇到过什么问题吗？"

患者："有的，我和父亲经常发生争吵，他总是认为必须给我立规矩。"

治疗师："您是如何接受的呢？毕竟您已经是个成年人了。"

患者："父亲为我做了很多事，他也很支持我。"

治疗师："也就是说，如果您与父亲闹翻的话，您肯定会失去一些东西。"

患者："是的，但我也不想再继续当那个规规矩矩的乖儿子了。"

治疗师："那么您找我做什么呢？"

患者："我想跟您谈一谈，谈一些不能跟父母，也不能跟朋友讨论的事情。"

治疗师："谈您的焦虑症。"

患者："是的。"

治疗师："如果是这样的话，那么，其实我们七个星期以来一直在做这件事。您取消了我们的两次见面，还有一次您来得太晚，我们当时只有二十分钟的时间交流。或许，和我交流对您来说并不是那么重要，或者您害怕这些谈话。"

患者："我为什么要怕您呢？"

治疗师："您这会儿感觉怎样？"

患者："一切正常。"

治疗师："这种'正常'是什么样的感觉？请您暂时闭上双眼，将注意力集中在您的身体上。"

患者："我的胸腔在轻微地振动，好像有一股电流穿过我的身体。"

治疗师："将注意力集中在振动的胸腔和电流上，这种轻微的振动对您有什么影响吗？"

患者："它让我感到不安。"

治疗师："我有什么地方让您感到不安吗？"

患者："基本上没有。"

治疗师："您害怕我吗？您认为我做的或想的最糟糕的事情可能是什么？"

患者："我一点也不怕您，因为您与这儿的很多人一样，都戴着一副假面具，当然您对此已经习以为常了，因为这是您的工作。"

治疗师："您相信吗？我认为您也戴着面具。"

患者："当然我也是这样。难道不是吗？"

治疗师："到目前为止，我对您的了解让我觉得我是在与一位身心健康的男士打交道。尽管您有时觉得自己疯了或者快要疯了，但其实没有。事实上您只是碰到了一个目前不能独自解决的问题而已。”

患者用审视的目光打量着治疗师。

治疗师：“我觉得您应该不太相信我说的话。”

患者：“您是在吹捧我。”

治疗师：“我的工作不是对您说好话。您是怎么想的，您想让我坦白对您的看法吗？”

患者深深地吸了一口气，又呼了出来：“我不知道，如果您认为我很坏的话，我还会不会再来。”

治疗师：“在什么情况下我可能认为您很坏呢？”

患者：“就是您对我很敷衍的时候。”

治疗师：“您认为我现在对您是认真的吗？”

患者：“是的，我是这么认为的。”

治疗师：“您有什么感觉吗？”

患者：“头有点晕。”

治疗师：“我认真对待您时，您会头晕？”

患者：“看来是这样的，我有点不习惯，父母从未认真对待我，但这也有好处。我曾经因此像傻瓜一样自由，还干了很多乱七八糟的坏事。”

治疗师：“您指的是什么？”

患者：“比如我上学时经常搞恶作剧，还捉弄老师。我上课迟到，总是惹麻烦，还留过级。”

治疗师：“如果我认真对待您，那么拿我寻开心对您来说其实就没有什么乐趣了。”

患者：“对。”

治疗师：“您感觉怎么样？”

患者：“我想大笑一场。”

这段对话展示了治疗师是如何逐步开导患者的，这样一来，患者无意识的焦虑和期望都会变得清晰。最重要的是，这种直截了当的情感交流创造了彼此之间的信任。但是，当患者表现出对这种坦白方式的害怕时，治疗师就该谨慎行事。总的来说，治疗时的坦率程度取决于患者的合作态度。如果患者只是因为担心不能使治疗师满意而故意泄露一个秘密，这种被迫的坦白并不能促进彼此之间的信任。

治疗师在进行情绪上的引导时还可以利用另外一个方法，将患者倾诉出来的交往障碍和治疗的实际情况结合起来。

这里有几个例子：

患者：“我的伴侣不理解我。”

治疗师：“您觉得我理解您吗？”

患者："我的家人不关心我。"

治疗师："您觉得我关心您的需求吗？"

患者："大多数人都不可信。"

治疗师："您信任我吗？"

患者："我为自己的焦虑而感到羞愧。"

治疗师："您认为我对您这个人怎么看？"

患者："我不知道应该与别人说些什么。"

治疗师："您愿意和我说些什么？您心里在想些什么？有什么东西是对您真正重要的吗？"

▶ 家庭治疗

爱情如同一只玻璃杯，要是把它抓得太松或者太紧，都会破碎。

——俄罗斯谚语

在夫妻、家庭和集体治疗中，参与者之间的相互交流比任何一个成员对治疗师的影响都要复杂得多。以下例子可以清楚地展示家庭治疗的动力。请您注意治疗师是如何从家庭成员的外在行为中获得信息，又是如何将这些信息用言语表达出来。

由于婚姻出现问题，一对已为人父母的年轻夫妇选择接受夫妻疗法。丈夫患有心理性焦虑症，妻子患有焦虑症、抑郁症和睡眠障碍。他们有一个4岁的女儿，自从他们的女儿出生后，夫妻间的交谈就越来越少，也不再有亲密和性生活。在接受第十三次治疗时，因为女儿无人照顾，他们就把女儿一起带来了。丈夫选了一张双人沙发坐下，妻子则坐到了对面的沙发椅上，治疗师坐在他俩之间的一张沙发椅上，以便和他们形成斜对面的位置。丈夫坐在能远离治疗师的沙发一端，使自己和治疗师之间空开一个座位。女儿坐在地板上玩，夫妻俩都沉默不语，无助地看着治疗师。

治疗师："你们俩都疑惑地看着我。"

丈夫："我们之间的问题还没有解决。"

治疗师："您说的问题是，您想与您的妻子像从前那样亲密，但她却不愿意。"

丈夫："是的。"

治疗师："那您是什么感觉呢？"

丈夫："我不太高兴。"

治疗师问妻子："那么您呢？"

妻子："我感觉挺好的，但还是和以前一样比较紧张。"

治疗师："我发现您坐到了您丈夫的对面，你们俩完全可以坐在一张沙发上。"

妻子："我也不知道自己为什么选择坐这儿。"

治疗师："在家时你们是怎么坐的？"

丈夫："在家里我们都有属于自己的沙发。"

治疗师："你们愿意做一个小小的实验吗？"

两个人慎重地点了点头。

治疗师对妻子说："您能否和您的丈夫坐在一张沙发上？"

妻子（犹豫）："好吧，我去试试。"

治疗师："您得想清楚自己是否真的愿意，不要为了让我高兴才答应。"

妻子疑惑地看了眼丈夫，然后站起来说道："好的，我愿意试一试。"

当妻子向沙发走去时，丈夫迅速挪到了沙发的另一端，这样，他的妻子就坐在了距离治疗师较远的位置上。两人既拘谨又不知所措，就这么呆呆地并排坐着，注视着治疗师。几秒钟后，女儿从地板上站起来，爬到父亲的膝上。父亲和蔼可亲地用双手扶住女儿，对女儿说：“爸爸现在不能和你玩，我得专心听大夫说话。”于是小女儿坐到了父母中间，脸上露出满足的表情，两个大人也突然变得放松了。

治疗师：“你们俩现在感觉如何？”

两个人都确认他们感觉很好。

治疗师对丈夫说：“您刚才为什么要换座位，我感到很惊讶。”

他耸了耸肩。

治疗师对妻子说：“对于您丈夫把远离我的位置让给您这一举动，您是怎么看的？”

妻子：“我比较喜欢坐在这里。”

治疗师：“这是什么意思？”

丈夫微笑着说：“或许我是想保护妻子不受到您的伤害。”

大家都笑了。

治疗师：“有这个必要吗？”

丈夫：“如果您用这些小测验来捉弄我们的话，就很有必要。”

大家都爽朗地大笑起来。

治疗师：“我想跟你们说说我刚才观察到的东西和我的一些想法。首先让我惊讶的是，你们俩在我们的实验中根本无须说话，就已经在各自坐哪里的问题上达成了一致，由此可见，你们确实是默契的一对儿。

“（转向丈夫）您在看见妻子的安全受到威胁时便出面保护她，（转向妻子）而您也非常乐意接受您丈夫的保护。最令我惊讶的是，当你们俩互相靠得太近时，你们的女儿会特别迅速地采取行动，进行干预，立刻将父亲占为己有。这其实是完全正常的。对于这个年龄的女孩来说，父亲极具吸引力，她们企图得到父亲的关注，又喜欢与母亲争宠，你们的女儿在这一点上表现得尤为明显。她先是独占母亲，然后再独占父亲，小家伙出于嫉妒严密地‘监视’着父母，防止他们交往过密，你们看一看她是那样理所当然又自信地坐在你们中间。当女儿坐在你们中间，让你们已经习以为常的距离重新恢复时，你们俩看起来放松多了。如果我想画一幅以幸福家庭为主题的油画，你们可以当模特儿了。”

夫妻俩满意地注视着对方。

妻子：“我和丈夫的关系总是受到影响，以前我对这点并不是特别在意，因为那个时候我一心都扑在女儿身上，根本没有亲近丈夫的想法。现在我常常在想，如果我和他偶尔能有某个独属我们自己的夜晚，那该多好啊。”

治疗师：“我很欣赏你们给予女儿如此多的关爱，你们对她的爱肯定超越了一切。从我的角度看，小家伙也的确很幸福。但是，她会长大的。总有一天，她必须学着放弃父母时时刻刻给予她的呵护，她将来肯定也会明白，母亲和父亲都有各自的需求，最重要的是，她要懂得，父亲和母亲才是一个整体。”

妻子：“两个月后，她就要上幼儿园了。孩子们在那儿每星期都要过一次夜。（转向她的丈夫）到时候我们就可以外出了，只有我们两个人。”

▶ 不说话的语言

言语不能把我们联系在一起，而是常常将我们分开。

——瑞士艺术史学家雅各布·布尔克哈特

上面的例子生动地展示了非语言性交流的重要性。那对夫妇和他们的孩子说的话其实并没有任何实质性的作用，反倒是他们的身体传达的信息揭开了这对夫妻婚姻问题的秘密。身体语言在很大程度上都是下意识的，不会说谎。一般情况下，人们不用主动就能察觉身体语言的存在。想训练自己交际能力的人，必须学习观察自己和他人的身体语言。

您可以从现在开始研究别人的表情、体态和手势，这是一个轻松愉快且富有启发的游戏，当然您也可以和别人一起进行，比如，您坐在一家咖啡馆或广场上时，挑选您觉得有趣的某个人、某对夫妻或某组人，简单地观察他们的每一个动作，试着解释每个动作可能表达的意思，最好能和另一个人互相交流对方的观察和猜测，通过这种方式您可以有效地检查自己的行为。您也可以观察您认识的人，事后询问他们当时的感觉、想法或者谈话内容。当然，您也可以参加一个身体语言学习班，或者在关于这个主题的众多书籍中选择一本阅读。但要坚持做一件事：不断训练自己的观察能力。

当您能够从别人的身体语言中观察到这些人的好恶，判断他们的感觉是良好还是害怕，就能避免因文字语言的多义性和可操作性引起的种种误解，这对您处理一些微妙的情感关系是极有好处的，比如伴侣关系、家庭关系、商业关系、与同事、上司或合作者之间的关系，而这些关系都是您每天必须面对并妥善处理的。

▶ 礼貌与坦诚间的冲突

您不必害怕那些与您意见不一致的人，

而是应该担心那些与您意见不一致，却又不敢让您知道的人。

——拿破仑一世

即使您学会了理解每一个人，每一件事情，却不能保证您能顺利地与他人交流。除此之外，您还必须具备完美处理交往中遇到的各种基本问题，即处理礼貌和坦诚之间的冲突的能力。尤其是那些有着焦虑心理和抑郁情绪的人，他们往往不敢大胆地维护自己的利益，或表达自己的不满，他们总担心自己会引起别人的反感，从而陷入孤独。抑郁的人就像一个所有阀门都紧闭的蒸汽锅炉，外表平静有礼貌，实际上他的情绪随时可能突然爆发，他一直在自我毁灭的边缘徘徊。

但是，随意发脾气并不是解决问题的办法，因为随意发火、行为鲁莽以及自以为是的坦率很容易破坏人们之间的关系。就这方面而言，抑郁症患者的一些担心完全合理。然而，压抑心中的不满与怨气又对人际关系不利，长此以往心中的郁闷只会越积越多，最后造成当事人心理和生理上的不适，或在失控的争吵中发泄自己全部的消极情绪。

如果您想表达自己的需求，发泄自己的不满或是发表一些评论，那么，您应注意以下这些“游戏规则”：

- 您生气时不要立即表现出来，而是要等心里的第一阵怒火平息。请您做深呼吸，慢慢地将气吸进体内，感受气体进入到您能最清楚感觉到恼怒的部位。
- 耐心等待，直至您再次恢复平静，但是时间也不宜过长，因为问题不可以拖得太久。尽快讨论问题，因为您拖延解决问题的每一刻都会对您自身和您的健康造成负担。
- 在讨论问题之前，请您先考虑一下自己要说些什么，以什么样的方式说。再考虑一下，您的坦率可能会造成什么不好的后果。设想一下最坏的情况可能是什么样的。必要时，您也可以与您信任的人一起商量。
- 您心里应该明白，如果您继续逃避这个问题，那么最后的后果会是什么样的，您极有可能一再碰到这个问题，而它会造成您精神上的负担。
- 如果您想好了要坦诚地表达自己的想法，那么您可以先说一下被批评对象的好的方面，称赞他的部分观点，在这之后再表达您的不满。

- 首先谈谈您自己是怎样看待这个问题以及您当时的感受，再讲讲是什么让您伤心，您的哪些需求被忽视了。总之，就是要表达出您的情感，比如如果您迟到了，“我的喉咙就好像被卡住了”。
- 不要对您的谈话对象做评价，比如，不要说“您真是一个利己主义者”，而是说“我觉得您的行为只考虑了自己，没有顾虑到其他人”。
- 高声叫嚷、发火和激动这样偶尔一次的发泄是很有必要的。这不一定是坏事，因为只有这样才能让别人体会到您迫切的请求。当伴侣之间有时出现摔门、哭泣或大声吵闹的情况时，也并不意味着他们之间的关系出现了问题。

互相尊重是谈话双方交流有效行进的基础。

- 每个人都有权力将自己的情感和需求表达出来。
- 每个人都可以将自己的意见和观点表达出来。
- 每个人都可以说出自己的批评性意见。
- 每个人都会犯错误。
- 每个人都可以选择做决定，或不做决定。
- 每个人都拥有独特的个人经历和知识。

在患者和治疗师的关系中也会出现礼貌与坦诚的问题。一方面，患者应该体会到，他所表现出的带有攻击性的情绪和想法没有遭到批评，而是得到了理解和关心。这意味着我们不可以低估敞开心扉的治疗效果。另一方面又要求治疗师必须真诚、诚实、坦率，以及与患者站在对立面，因为最后要达到的目的是患者应该改变自己的不当行为、改变冲动的习惯以及一些不现实的观点。治疗师需要很强的共情能力和丰富的经验，只有这样才能既澄清事实，又可以用和蔼的态度对待患者，不苛求、不伤害患者。

▶ 脱离

夫为不争，故天下莫能与之争。

——老子

完整的对话和成功的交流需要经过三个阶段，可将其总结为三个问题：

1. 我们（交谈双方）的共同点是什么？（密切关系）
2. 我们在哪些方面意见是不同的？（辨别）
3. 鉴于我们之间的共同点和不同点，我们是如何向对方妥

协，保持彼此之间的关系的？（脱离）

每一次治疗的结束都意味着分别，但治疗师和患者之间仍然可以保持联系。这种在空间上已经分离，却仍然觉得与某人还有联系的能力被称为对象恒定性。因为对方的良好形象已经给自己留下了深刻的印象，所以空间上的分离并不能影响分毫。

对于焦虑症和抑郁症患者来说，通常很难在治疗结束后立刻与治疗师告别，因为他们会像小孩一样感到孤单和无助。一些心理分析学家在面对这种情况的时候，经常只是简单地说一句："时间到了。"其实这句话并不适合作为每次治疗的结束语。治疗师要做的是及时说明本次治疗中仍未解决的问题。通过询问患者，"今天谈话中有哪些部分让您特别满意或触动到您吗？"从而给患者总结这次治疗，治疗师也可以得到患者对治疗方案的反馈。在结束时治疗师可以问，诸如"您下次想跟我谈什么"这样的问题，为下次的治疗做好准备，患者也可以提前准备，这其实给予了患者一定的希望和信心。

总有一天，患者会完全脱离治疗师。在通过他助达到自助的积极心理治疗中要尽早考虑这一结局，也就是在患者的情绪和身体植物神经系统稳定之后。心理分析过程是通过多次、长时间的治疗促成一种普遍的回归（暂时回到童年的经历中），积极心理治疗追求的则是一种不完全的、局限冲突焦点的回归。治疗师的任务是暂时扮演患者支持者的角色，与此同时，还要一直强调患者的自疗能力。

▶ 伴侣组合——家庭组合

自以为是的人永远不理解，

人们在说对或做对的同时仍然可能是一个傻瓜。

——马丁·克塞尔

患者已经知道要从对治疗师的依赖关系中脱离出来，先要学会独立解决问题。婚姻、家庭或工作岗位中产生的冲突很容易像口腔溃疡一样蔓延到其他的生活领域，最终影响整个生活，危及人与人之间的关系。

为了抑制这种趋势，人们应该建立起伴侣或家庭小组。一对伴侣或一个家庭确定一个固定的时间讨论问题，比如每周两次，每次时间为18:00—19:00，在这段时间内不允许发生争吵。大家知道自己可以定期倾诉想法、发泄不满就会很欣慰，这样可以避免动辄就大动肝火、鸡犬不宁的情况发生，没有冲突的生活领域就这样作为联系、和谐和安全的岛屿保留下来。各个小组遵循上述的规则，成员之间也要互相提醒注意。刚开始时，家庭小组不能没有治疗师的帮助，所以治疗师要与夫妻们或者与整个家庭一起熟练掌握卓有成效的方法，促进彼此之间的相互理解，消除矛盾。所以，前几次谈话最好是在治疗师的诊所里进行，治疗师也可以登门拜访。

在伴侣或家庭小组中，每个参与者都必须事先搞清楚下列问题：

- 这个问题能解决吗？
- 我真的想做出一些改变吗？
- 我的伴侣能满足我的愿望吗？
- 她/他想解决问题吗？
- 我曾尝试过解决问题吗？
- 我能真诚坦率地看待自己的处境吗？
- 我能诚实地表达自己的意见吗？
- 我愿意倾听伴侣的诉说吗？
- 我愿意为伴侣抽出自己的时间吗？
- 我希望立刻做出改变吗？

在对伴侣或家庭小组进行治疗方面的指导时，学习心理戏剧和分角色演戏的技巧极为必要。家庭成员们将冲突发生的场景再现，他们在这个相对安全的氛围内表达自己的情感、焦虑和想法。最好能够进行角色交换，这样可以帮助每位家庭成员设身处地为他人着想，最后，大家共同探讨解决问题的各种途径。

只有当所有的参与者都严肃对待同一问题，伴侣或家庭小组的建立才有意义。当某位成员拒绝加入活动时，只能说明，他本人根本不想有所改变，或者害怕改变。所以，想消除他的抵触情绪是毫无意义的。相反，那些希望在共同的生活中有所改变的人应该一起寻找解决问题的办法，必要时可以撇开那个不想改变的人。

伴侣或家庭小组中的成员越是互相理解，成员们对治疗师的依赖就越小。有时，患者也会参考治疗关系中的典范，与朋友、家人或其他人慢慢建立起一种更为亲密的关系。最终，这些人会补充或者取代治疗中的关系。

第五阶段
梦想带来无穷的力量

如果不存在真理，我们也就不会出错。

——英国哲学家卡尔·波普

古希腊哲学家赫拉克利特在公元前六世纪说：“一切都在流逝，什么也不能长存。”他还有另一句名言——“人不能两次踏进同一条河流”。赫拉克利特把一个无法逃避的法则放在我们面前：一切事物都处在不断的变化中，任何生物和物体都不例外。这让人感到不安。

我们在前面已经讨论过，对变化和还未确定的未来的焦虑是如何使人类丧失生命力，又导致抑郁的。患有焦虑症和抑郁症的人往往因为想象力不够丰富而饱受折磨，他们的生活围绕着冲突、强迫、念头、抱怨和各种症状，周而复始。他们的将来只不过是他们过去的复制，前途渺茫。

抑郁症患者具有一种可怕的能力，他们无视每一件事的意义。在面对生存中的可能出现的各种危险时，他们毫无戒备，根本没有自我保护意识。

积极心理治疗的第五阶段，即最后的阶段，要介绍解决问题的方法——喜欢改变，这体现在我们的梦境和计划中，要求人们开发天性中的自然追求，扩展知识、塑造世界和改善生活条件。人的直觉和想象力创造着无数不存在现实生活中的图像、曲调和各种想法构建的高楼大厦，它们是产生创造力、艺术、爱情、幽默和科学的源泉。拥有实现梦想的勇气和培养新爱好的精神也是很重要的。

展望未来时必然会触及哲学和宗教的领域。我们认为，对思想和宗教问题的探索是人类生存的基本需求和基本能力。我们能够，也必须思考自身生存以外的东西。

延展目标阶段会让每个人都明白，拥有对生活和超出生活的幻想是成长的必需品。您可以向自己提问：

- 如果您不再感到焦虑和抑郁，您会做些什么？
- 假设您现在的忧虑和困惑都是多余的，您没有任何精神上的负担，那您会做些什么呢？
- 您最迫切的愿望是什么？最大胆的梦想是什么？
- 您自己心中有一个理想的模范或者想要竭力效仿的榜样吗？

- 您想象一下自己老去的画面，感觉自己将不久于人世。这时，您最想完成的事情是什么？在您弥留之际，最想回忆的是什么样的生活？
- 您如何对死亡做准备？
- 您怎样想象自己死后的状态？

▶ 给予治疗师的建议

有心理疾病的患者很多都曾经从事过艺术创作，所以您尽管让他们带自己的作品来治疗，比如图画、油画、故事、诗歌、小说和音乐作品等。您将从中了解到很多患者隐藏在心底的愿望、渴求和焦虑，从作品中也能对患者的情绪产生一定程度的理解。

与患者一起谈论未来、生活的意义和死后的生活。也许这个禁忌话题会让您感到不舒服，因为它会让您感到焦虑，重要的是您也没有掌握克服它的方法。但是，请您不要觉得自己有义务给出绝对的、负责的答案，这在一个宗教和世界观多元化的时代里是不可能的。重要的是与您的患者围绕这些话题进行交流，倾诉本身就具有治疗的效果。您应该鼓励患者思考这些紧迫的问题，去寻找自己的答案。也请您要求患者与别人一起讨论这些话题，同时研究宗教老师或哲学家对这类问题的回答。倘若您也能谈谈自己的信仰，对患者可能也会有所帮助。

有些患者会直接问："生活的意义是什么？"答案只能是："生活的意义是您自己赋予的。"归根到底，每个人只能在自己身上得到答案，为此需要有探求意义的决心。治疗师可以帮助患者倾听自己的心声，真正了解他真正想要的或不想要的，他适合干什么或不适合干什么，什么符合他的天性，以及他在什么时候感觉最佳。但是，最后还是要患者本人对自己负责，治疗师需要在患者忘记自身责任的时候提醒他。

在这个杂乱无章的世界中，各种事物之间纷繁交错，充满矛盾，万事万物反复无常，赫拉克利特在这个世界里看到了一种清楚的统一，一个相同的定律，一个神圣的秩序，它被称为造物主。人们已经放弃寻觅造物主，或者就如卡尔·波普曾说的那样，人们在不断尝试和犯错中接近真理。对认识自我、认识世界和认识上帝的热爱使人不会沉沦于习惯、贪欲，无聊和冷漠之中。

小结：给大家的重要信息

“所有的人都想进天堂，但是没有人愿意死亡。”

焦虑，其实不过就是一种让人身体极度不适的激动状态，但它让人们觉得这事关生死存亡。但实际上它这么没有危险，真正危险的是人们丧失了对生活的乐趣，也就是在焦虑面前认输。完全摆脱焦虑和抑郁既不可能实现，也没有丝毫益处。我们能做的就是接受焦虑，与其和谐共处，做到这一点很不容易。如果您决定克服焦虑，肯定会费不少力。

开始治疗焦虑和抑郁时，必须排除身体方面患有某种疾病的可能性。即使没能发现身体器官疾病，身体在焦虑和抑郁时仍然扮演着重要的角色，因为焦虑首先是通过身体表现出来的，比如心跳、出汗、晕眩、胃不舒服、发抖等。反过来，我们也可以通过身体，特别是植物神经系统来影响焦虑情绪。

您自己可以做些什么来稳定您的身体状态和内心呢?

- 避免所有有损您长期健康的东西，比如酒精、尼古丁、药品（按医嘱服用的除外）等。
- 过度工作、过度体育锻炼、过度饮食或过度日光浴，过度的东西对您都是有害的。只有保持适度才是心理达到平衡最重要的基本条件之一，但这也是最难做到的。
- 吃纯天然食品：主要吃植物性的纯天然食品，比如蔬菜、土豆、沙拉、全麦食品、奶制品、水果，不吃糖和所有甜食。糖类食品会导致体内缺乏维生素和矿物质；肠菌丛受到损害，促进了真菌的繁殖；血糖含量也会十分不稳，从而影响脑功能。长此以往，血管和神经都会受到损伤。可通过适当摄取水果、干枣、无花果和果仁来代替糖。
- 保证体内B类维生素、镁和锌的充足。这些维生素和矿物质能够促进和稳定神经功能。
- 调节生活日程。注意保持充足的睡眠，有足够的时间吃饭，有时间和重要的人在一起，有足够的业余时间休闲和休息。
- 进行规律且适当的体育运动，最好是一些耐力训练运动，如长跑、骑自行车和游泳。

- 您的脉搏每分钟跳动的次数不应超过180减去年龄的差。您可以每星期锻炼2到3次，每次30待60分钟。不必勉强自己，体育运动应该带来乐趣，只有这样您的身体才能获得最大的好处。

我必须经过哪些基本的步骤才能摆脱自身的焦虑呢？

- 向某人倾诉。您可以向一位有经验的心理治疗师求助，利用一切机会与他/她交谈，也可以和家人和朋友交流。也可以试着找一些和您一样正在被焦虑折磨的人，或是曾经患焦虑症的人。要知道，只凭自己的力量走出焦虑的恶性循环的可能性是很小的。所以，不要再继续浪费自己宝贵的时间和精力了。
- 仔细体会自己内心的变化，最好将焦虑引起的身体感觉详细记录下来。比如，您在身体的哪个部位感觉焦虑的存在？是如何感觉到它的？您的脑中闪过了哪些念头？您都做了些什么？说了些什么？坚持下去，您会慢慢地熟悉自己的焦虑，更好地理解和认识它。越了解自己的焦虑，越容易战胜它。
- 不要期待奇迹的出现。信心和生活乐趣不会从天而降。克服焦虑是一个艰辛的过程，需要您全身心的投入。最好是在专业人士的帮助下处理焦虑的问题，除此之外，再没有更好的办法了。也许您常常有放弃的念头，不想再去接受治疗，有时又会觉得自己羞于见人，甚至产生自杀的念头，但是，这个节骨眼就是您解决问题的重要突破口。如果您度过了心理和生活最艰难的时期，那么呈现在您眼前的将是一个全新的世界。在这个世界中，您会惊喜地发现生活再一次有了意义。

▶ 最后的故事

国王的“痊愈”

国王哈里发得了一种严重的疾病，他瘫在床上无法动弹，用了很多方法都没有效果。后来，人们请来了大名鼎鼎的医生拉齐。拉齐先用了各种传统的疗法来医治，但也不成功。最后，拉齐请求国王配合他认为正确的，而且绝对有效的治疗手段。国王对自己的病已经快绝望了，也就同意了拉齐的请求。拉齐让国王下令备两匹跑得最快、最优良的阿拉伯马。

第二天一早，拉齐命令仆人们用担架抬着国王一起去布哈拉最有名的尤斯·毛兰温泉。到了温泉，拉齐命令仆人们全部离开，走得越远越好。仆人们有些犹豫，可国王命令他们照医生的话做，他们只好远远地走开了。

拉齐带了一个学生做他的助手，他们把马拴在温泉门外，然后把国王的衣服脱光，放入浴池中，并加入热水。同时，他们给国王喂热糖浆，用这些方法来提高国王的体温。之后，拉齐和他的学生穿好了衣服。

拉齐站在国王面前，突然破口大骂，骂得非常难听。国王又吃惊又愤怒，因为拉齐的极度无礼和无端指责而火冒三丈。极度愤怒之下，国王居然能动了，身子慢慢能动弹一点儿了。拉齐看到后，抽出一把刀，比画着靠近国王，威胁要杀了他。国王怕极了，他想赶紧逃走，这焦虑竟然让国王全身充满了力量，他站起来拔腿就跑。此时，拉齐赶紧带着他的学生跑出去，骑上马飞快地逃走了。

国王已经筋疲力尽，体力不支倒下了。当他从晕厥中醒来的时候，感觉自己的身体非常轻盈，重新获得了知觉，可以随意动弹了。但他怒气未消，他喊来仆人，给他穿上衣服，骑上马回宫。臣民们看见他们的国王又恢复了健康，都夹道向他欢呼。八天以后，国王收到了拉齐寄来的一封信，拉齐在信中解释了理由。

他说："作为一名医生，我已经做了所有我能做的一切，但是都没有效果，我只得借用外部的力量挑起您的愤怒，让愤怒催生一股力量，带动您的身体重新活动起来。所以，在我看到您开始痊愈的时候，就赶紧逃走了，以躲避您的惩罚。在这里，我要请求您的宽恕，我知道自己在您完全孤立无援的时候骂了您，侮辱了您，我对此感到十分羞愧。”

国王看完信后，从内心深处感激这位医生。他请求拉齐回来，好让他向拉齐表达他的谢意。

附录A　自我观察的日历

制作者：佩塞施基安、戴登巴赫

这个日历可以让您更加了解自己：

- 我主要的兴趣范围在哪儿?
- 我对哪些事“过于敏感”?
- 哪些品质和行为方式有发展的可能性?
- 我怎样对待生活中的各个领域?

每个不同性别、年龄和出身的人都能在四个生活领域中活动。问题如下：

- 我能用自己的身体和感官做什么，又能为它们做什么?
- 我怎样适应自己的工作?
- 我在私人范围内的交际方式是什么?
- 我怎样看待自己的未来，我的目标是什么?

日历分为四个部分。您可以对自己进行连续14天的观察，在晚上将结果作为“每日新闻”填到日历中：

- 如果您认为自己在某一品质（现实能力）或行为方式上主动或被动地表现得较为得体，那么就在这天的对应格子里打上一个“⊞”。
- 如果您觉得自己在某一点上表现不佳，那么在对应的格子里填上一个“⊟”。
- 如果在这一天您的活动与某个行为方式无关，那么就让对应的格子空着。

用这种填法将每个部分的每一点都过一遍。此日历的目的并不在于鼓励您达到“完美”或者使您内心不安。也许经过14天的观察之后，您会发现自己的体验和各个行为方式都发生了变化：有无兴致、满意、快乐、信任、信仰、爱情、希望、温存、焦虑、迂腐、时间、压力、虚伪、权力之争、过度节俭、抑郁、害怕、羞愧、厌恶、悲伤、无助、绝望。

1. 身体/感官

您今天为自己的身体做了些什么，身体又做了哪些活动？

举例：假设您今天做了一次放松练习。

- 您对结果较满意：⊞
- 效果不怎么好：⊟
- 您今天没做放松练习：□

饮食：

- 您今天吃太多了：数量⊞
- 您的吃饭时间充裕，可以细嚼慢咽：时间⊟
- 吃饭时，您与其他人一起坐在一家餐厅的桌旁，可没与他们交谈：交际□

睡眠：

- 您觉得自己昨晚睡得太少：时间⊟
- 您在床上很焦躁，翻来覆去，也没法再次入睡：节奏⊟

行为

⊞=适当　⊟=不适　□=没发生

天数	1	2	3	4	5	6	7	8	9	10	11	12	13	14
1. 身体护理														
2. 运动														
体育锻炼														
放松														
呼吸														
徒步旅行														
3. 饮食														
数量														
质量														
时间														
交际														
感觉														
特种饮食														
禁食														
消化														
4. 睡眠时间														
睡眠节奏														
5. 身体接触														
温存														
6. 性欲														
7. 疼痛														

2. 成就/工作

上司—合作者—同事—管理—家务

- 您今天在工作中表现了哪些行为方式？
- 您对上司、合作者或同事的行为方式做出了什么样的反应？
- 您认为自己的行为“适当”还是“不适当”？

举例：假设今天有一位同事上班迟到了。（准时）

- 您对此表现得激动吗？（耐心）
- 您压住了自己的怒火，一句话也没说吗？（诚实/坦率）
- 您询问了他迟到的原因吗？

在您看来，您自己的举止“适当”还是“不适当”？

如果在您今天的工作中没出现准时/不准时的问题，或者您今天根本没想过这个问题，那么对应的格子就空着。

行为

⊞=适当　⊟=不适　□=没发生

天数	1	2	3	4	5	6	7	8	9	10	11	12	13	14
1．准时														
2．清洁														
3．条理														
4．顺从														
5．礼貌														
6．诚实/坦率														
7．勤奋/成就														
8．节俭														
9．可靠														
10．仔细														
11．耐心														
12．时间														
13．交往														
14．信任														
15．希望														
16．信仰/宗教														

3. 交往

伴侣—子女—父母—亲属—朋友—熟人

- 您今天在自己的私人生活中表现出什么样的行为方式?
- 您对自己的伴侣和子女的行为方式做出什么样的反应?

举例，假设您今天下班回家后，妻子对您说，儿子不听话，不肯写作业。（勤奋/成就）

- 您在妻子和儿子面前是什么反应?
- 您认为自己的反应“适当”还是“不适当”？或者两者兼顾?
- 以要达到的目的为标准，您的反应对您自己、妻子和儿子有什么影响?

行为

⊞=适当　⊟=不适　□=没发生

天数	1	2	3	4	5	6	7	8	9	10	11	12	13	14
1．准时														
2．清洁														
3．条理														
4．礼貌														
5．诚实/坦率														
6．勤奋/成就														
7．顺从														
8．节俭														
9．可靠														
10．忠诚														
11．耐心														
12．时间														
13．交际														
14．信任														
15．希望														
16．温存														
17．爱情														
18．性欲														
19．信仰/宗教														

4. 幻想/未来

世界观—宗教—生活哲学

您今天有机会研究这个领域的问题，或者由于他人的缘故面对了这些问题吗?

举例：假设您今天听了或演奏了音乐。

- 您感觉自己从中得到了放松吗?
- 音乐促使您思考“世界和平”这个主题了吗?

您今天脑子里出现过哪些幻想?

- 与身体有关的，比如性欲、睡眠、体育锻炼。
- 与工作有关的。
- 与他人的交往。
- 与将来有关的，比如愿望、空想、世界观、宗教等。

您认为自己的幻想“适当”还是“不适当”？衡量的标准是什么?

行为

⊞=适当　⊟=不适　□=没发生

天数	1	2	3	4	5	6	7	8	9	10	11	12	13	14
1. 幻想														
2. 梦想														
3. 音乐														
4. 绘画														
5. 造型艺术														
6. 文学														
7. 宗教														
8. 生活的意义														
9. 健康														
10. 疾病														
11. 死亡														
12. 死后的生活														
13. 环境														
14. 植物														
15. 动物														
16. 人														
17. 政治														
18. 世界和平														
19. 人类统一														

附录B　汉密尔顿焦虑量表（HAMA）

汉密尔顿焦虑量表（Hamilton Anxiety Scale，HAMA）由Hamilton于1959年编制。它是精神科临床中常用的量表之一，包括14个项目。

1. 焦虑心境：担心、担忧，感到有最坏的事情将要发生，容易激惹。

2. 紧张：紧张感、易疲劳、不能放松、情绪反常、易哭、颤抖、感到不安。

3. 害怕：害怕黑暗、陌生人、一人独处、动物、乘车或旅行及人多的场合。

4. 失眠：难以入睡、易醒、睡得不深、多梦、梦魇、夜惊、醒后感到疲倦。

5. 认知功能或称记忆、注意障碍：注意力不能集中，记忆力差。

6. 抑郁心境：丧失兴趣、对以往爱好缺乏快感、忧郁、早醒、昼重夜轻。

7．肌肉系统症状：肌肉酸痛、活动不灵活、肌肉抽动、肢体抽动、牙齿打战、声音发抖。

8．感觉系统症状：视物模糊、发冷发热、软弱无力感、浑身刺痛。

9．心血管系统症状：心动过速、心悸、胸痛、血管跳动感、昏倒感、心博脱漏。

10．呼吸系统症状：胸闷、窒息感、叹息、呼吸困难。

11．胃肠道症状：吞咽困难、嗳气、消化不良（进食后腹痛、胃部烧灼痛、腹胀、恶心、胃部饱感）、肠鸣、腹泻、体重减轻、便秘。

12．生殖泌尿系统症状：尿意频数、尿急、停经、性冷淡、过早射精、勃起不能、阳痿。

13．植物神经系统症状：口干、潮红、苍白、易出汗、易起“鸡起疙瘩”、紧张性头痛、毛发竖起。

14．会谈时行为表现：

（1）一般表现：紧张、不能松弛、忐忑不安、咬手指、紧紧握拳、摸弄手帕、面肌抽动、不停顿足、手发抖、皱眉、表情僵硬、肌张力高、叹息样呼吸、面色苍白；（2）生理表现：吞咽、打嗝、安静时心率快、呼吸快（20次/分以上）、腱反射亢进、震颤、瞳孔放大、眼睑跳动、易出汗、眼球突出。

（一）项目和评定标准

HAMA所有项目采用0—4分的5级评分法，各级的标准为：

（0）无症状；（1）轻微；（2）中等；（3）较重；（4）严重。

汉密尔顿焦虑量表（HAMA）

	无症状	轻微	中等	较重	严重
1．焦虑心境	0	1	2	3	4
2．紧张	0	1	2	3	4
3．害怕	0	1	2	3	4
4．失眠	0	1	2	3	4
5．记忆或注意障碍	0	1	2	3	4
6．抑郁心境	0	1	2	3	4
7．肌肉系统症状	0	1	2	3	4
8．感觉系统症状	0	1	2	3	4
9．心血管系统症状	0	1	2	3	4
10．呼吸系统症状	0	1	2	3	4
11．胃肠道症状	0	1	2	3	4
12．生殖泌尿系统症状	0	1	2	3	4
13．植物神经系统症状	0	1	2	3	4
14．会谈时行为表现	0	1	2	3	4
总分合计					

（二）结果分析

1．总分：能较好地反映病情严重程度，量表协作组曾对230例不同亚型的神经症患者的HAMA总分进行比较，神经衰弱总分为21.00，焦虑症为29.25，抑郁性神经症为23.87；因此，焦虑症状是焦虑症患者中的突出表现。该组病人为一组病情程度较重的焦虑症。

2．因子分析：HAMA仅分为躯体性和精神性两大类因子结构。躯体性焦虑由肌肉系统症状、感觉系统症状、心血管系统症状、呼吸系统症状、胃肠道症状、生殖泌尿系统症状、植物神经系统症状等7项组成。

通过因子分析，不仅可以具体反映病人的精神病理学特点，也可反映靶症状群的治疗结果。

3．按照全国量表协作组提供的资料，总分超过29分，可能为严重焦虑；超过21分，肯定有明显焦虑；超过14分，肯定有焦虑；超过7分，可能有焦虑；如小于6分，病人就没有焦虑症状。一般划界分，HAMA14项分界值为14分。

（三）应用评价

1. 信度：评定者若经10次以上的系统训练后，可取得极好的一致性。我们曾对19例次的焦虑症患者做了联合检查。两评定员间的一致性相当好，其总分评定的信度系数r为0.93，各单项症状评分的信度系数r为0.83—1.00，P值均小于0.01。

2. 效度：HAMA总分能很好地反映焦虑状态的严重程度。36例焦虑神经症的病情严重程度系数为0.36（$P<0.05$）。

3. 实用性：本量表评定方法简便易行，可用于焦虑症，但不大宜于估计各种精神病时的焦虑状态。同时，与HAMD相比较，有些重复的项目，如抑郁心境，躯体性焦虑，胃肠道症状及失眠等，故对于焦虑症与抑郁症，HAMA与HAMD一样，都不能很好地进行鉴别。

附录C　汉密尔顿抑郁量表

汉密尔顿抑郁量表（Hamilton Depression Scale，HAMD）由Hamilton于1960年编制，是临床上评定抑郁状态时应用得最为普遍的量表。本量表有17项、21项和24项等3种版本，现介绍的是24项版本。

（一）项目和评分标准

HAMD大部分项目采用0—4分的5级评分法。

各级的标准为：（0）无；（1）轻度；（2）中度；（3）重度；（4）极重度。

少数项目采用0—2分的3级评分法，其分级的标准为：（0）无；（1）轻—中度；（2）重度。

问卷如下：

1．抑郁情绪：

（1）只在问到时才诉说。

（2）在访谈中自发地表达。

（3）不用言语也可以从表情、姿势、声音或欲哭中流露出这种情绪。

（4）病人的自发言语和非语言表达（表情，动作）几乎完全表现为这种情绪。

2．有罪感：

（1）责备自己，感到自己已连累他人。

（2）认为自己犯了罪，或反复思考以往的过失和错误。

（3）认为目前的疾病，是对自己错误的惩罚，或有罪恶妄想。

（4）罪恶妄想伴有指责或威胁性幻觉。

3．自杀：

（1）觉得活着没有意义。

（2）希望自己已经死去，或常想到与死有关的事。

（3）消极观念（自杀念头）。

（4）有严重自杀行为。

4．入睡困难（初段失眠）：

（1）有入睡困难，上床半小时后仍不能入睡（要注意平时病人入睡的时间）。

（2）每晚均有入睡困难。

5．睡眠不深（中段失眠）：

（1）睡眠浅，多噩梦。

（2）半夜（晚12点钟以前）曾醒来（不包括上厕所）。

6．早醒（末段失眠）：

（1）有早醒，比平时早醒1小时，但能重新入睡（应排除平时的习惯）。

（2）早醒后无法重新入睡。

7．工作和兴趣：

（1）提问时才诉说。

（2）自发地直接或间接表达对活动、工作或学习失去兴趣，如感到没精打采，犹豫不决，不能坚持或需强迫自己去工作或活动。

（3）活动时间减少或成效下降，住院病人每天参加病房劳动或娱乐不满3小时。

（4）因目前的疾病而停止工作，住院者不参加任何活动或者没有他人帮助便不能完成病室日常事务（注意不能凡住院就打4分）。

8. 阻滞（指思维和言语缓慢，注意力难以集中，主动性减退）：

（1）精神检查中发现轻度阻滞。

（2）精神检查中发现明显阻滞。

（3）精神检查进行困难。

（4）完全不能回答问题（木僵）。

9. 激越：

（1）检查时有些心神不定。

（2）明显心神不定或小动作多。

（3）不能静坐，检查中曾起立。

（4）搓手、咬手指、扯头发、咬嘴唇。

10. 精神性焦虑：

（1）问及时诉说。

（2）自发地表达。

（3）表情和言谈流露出明显忧虑。

（4）明显惊恐。

11. 躯体性焦虑（指焦虑的生理症状，包括：口干、腹胀、腹泻、打嗝、腹绞痛、心悸、头痛、过度换气和叹气，以及尿频和出汗）：

（1）轻度。

（2）中度，有肯定的上述症状。

（3）重度，上述症状严重，影响生活或需要处理。

（4）严重影响生活和活动。

12. 胃肠道症状：

（1）食欲减退，但不需他人鼓励便自行进食。

（2）进食需他人催促或请求和需要应用泻药或助消化药。

13．全身症状：

（1）四肢、背部或颈部沉重感，背痛、头痛、肌肉疼痛，全身乏力或疲倦。

（2）症状明显。

14，性症状（指性欲减退，月经紊乱等）：

（1）轻度。

（2）重度。

（3）不能肯定，或该项对被评者不适合（不计入总分）。

15．疑病：

（1）对身体过分关注。

（2）反复考虑健康问题。

（3）有疑病妄想。

（4）伴幻觉的疑病妄想。

16．体重减轻按病史评定：

（1）患者诉说可能有体重减轻。

（2）肯定体重减轻。

按体重记录评定：

（1）一周内体重减轻超过0.5公斤。

（2）一周内体重减轻超过1公斤。

17. 自知力：

（0）知道自己有病，表现为抑郁。

（1）知道自己有病，但归咎伙食太差，环境问题，工作过忙，病毒感染或需要休息。

（2）完全否认有病。

18. 日夜变化（如果症状在早晨或傍晚加重，先指出是哪一种，然后按其变化程度评分，早上变化评早上，晚上变化评晚上）：

（1）轻度变化：晨1、晚1。

（2）重度变化：晨2、晚2。

19. 人格解体或现实解体（指非真实感或虚无妄想）：

（1）问及时才诉说。

（2）自然诉说。

（3）有虚无妄想。

（4）伴幻觉的虚无妄想。

20. 偏执症状：

（1）有猜疑。

（2）有牵连观念。

（3）有关系妄想或被害妄想。

（4）伴有幻觉的关系妄想或被害妄想。

21. 强迫症状（指强迫思维和强迫行为）：

（1）问及时才诉说。

（2）自发诉说。

22. 能力减退感：

（1）仅于提问时方引出主观体验。

（2）病人主动表示有能力减退感。

（3）需鼓励、指导和安慰才能完成病室日常事务或个人卫生。

（4）穿衣、梳洗、进食、铺床或个人卫生均需他人协助。

23．绝望感：

（1）有时怀疑“情况是否会好转”，但解释后能接受。

（2）持续感到“没有希望”，但解释后能接受。

（3）对未来感到灰心、悲观和失望，解释后不能解除。

（4）自动地反复诉说“我的病好不了啦”诸如此类的情况。

24．自卑感：

（1）仅在询问时诉说有自卑感（我不如他人）。

（2）自动地诉说有自卑感。

（3）病人主动诉说“我一无是处”或“低人一等”，与评2分者只是程度上的差别。

（4）自卑感达妄想的程度，例如“我是废物”或类似情况。

HAMD以总粗分和因子分两种方式计分，HAMD可归纳为7类因子结构：（1）焦虑/躯体化；（2）体重；（3）认识障碍；（4）日夜变化；（5）阻滞；（6）睡眠障碍；（7）绝望感。因子分可以更为简捷清晰地反映病人的实际特点。

（二）注意事项：

1．适用于具有抑郁症状的成年病人。

2．应由经过培训的两名评定者对患者进行HAMD联合检查。

3．一般采用交谈与观察的方式，检查结束后，两名评定者分别独立评分。

4．评定的时间范围：入组时，评定当时或入组前一周的情况，治疗后2—6周，以同样方式，对入组患者再次评定，比较治疗前后症状和病情的变化。

5．HAMD中，第8、9及11项，依据对患者的观察进行评定；其余各项则根据患者自己的口头叙述评分；其中第1项需两者兼顾。另外，第7和22项，尚需向患者家属或病房工作人员收集资料；而第16项最好是根据体重记录，也可依据病人主诉及其家属或病房工作人员所提供的资料评定。

6．有的版本仅21项，即比24项量表少第22—24项，其中第7项有的按0—2分3级记分法，现采用0—4分5级记分法。还有的版本仅17项，即无第18—24项。

（三）施测时间建议：

作一次评定需15—20分钟。这主要取决于患者的病情严重程度及其合作情况，如患者严重阻滞时，则所需时间将更长。

（四）应用评价

1．应用信度：评定者经严格训练后，可取得相当高的一致性。汉密尔顿本人报告，对70例抑郁病人的评定结果，评定员间的信度为0.90。全国14个协作单位，各协作组联合检查，两评定员间的一致性相当好，其总分评定的信度系数r为0.88—0.99，P值均小于0.01。

2．效度：HAMD总分能较好地反映疾病严重程度。国外报道，与GAS的相关，r为0.84以上。国内资料报道，对抑郁症的评定，反映临床症状严重程度的经验真实性系数为0.92。

3．实用性：HAMD评定方法简便，标准明确，便于掌握，可用于抑郁症、躁郁症、神经症等多种疾病的抑郁症状之评定，尤其适用于抑郁症。然而，本量表对于抑郁症与焦虑症，却不能较好地进行鉴别，因为两者的总分都有类似的增高。

HAMD在抑郁量表中，作为最标准者之一，如果要发展新的抑郁量表，往往应以HAMD作平行效度检验的工具。

（五）结果分析

1. 总分：能较好地反映病情严重程度的指标，即病情越轻，总分越低；病情愈重，总分愈高。总分是一项十分重要的一般资料。在具体研究中，应把量表总分作为一项入组标准，全国14个协作单位提供，确诊为抑郁症住院患者115例。HAMD总分（17项版本）为28.45 ± 7.16，表明研究对象为一组病情程度偏重的抑郁症，这样就便于研究结果的类比和重复。

2. 总分变化评估病情演变：上述115例抑郁症患者的抑郁症状，经治疗4周后，对患者再次评定，HAMD总分（17项版本）下降至12.68 ± 8.75，显示病情的显著进步，这一结果与临床经验和印象相吻合。

3. 因子分：HAMD可归纳为七类因子结构：

（1）焦虑／躯体化：由精神性焦虑，躯体性焦虑，胃肠道症状，疑病和自知力等五项组成；（2）体重：体重减轻一项；（3）认识障碍：由自罪感，自杀，激越，人格解体和现实解体，偏执症状，强迫症状等六项组成；（4）日夜变化：仅日夜变化一项；（5）阻滞：由抑郁情绪，工作和兴趣，阻滞和性症状等四项组成；（6）睡眠障碍：由入睡困难，睡眠不深和早醒等三项组成；（7）绝望感：由能力减退感，绝望感和自卑感等三项组成。这样更为简捷清晰地反映病人的实际特点。

因子分析，不仅可以具体反映病人的精神病理学特点，也可反映靶症状群的临床结果。

4．按照Davis JM的划界分，总分超过35分，可能为严重抑郁；超过20分，可能是轻或中度的抑郁；如小于8分，病人就没有抑郁症状。一般的划界分，HAMD17项分别为24分、17分和7分。